松浦弥太郎

人生重启计划

明天又是崭新的一天

40歳のためのこれから術

日本生活美学家　松浦弥太郎　人生重启计划

🌀中国出版集团　🔺现代出版社

卷首语

"今后我要过怎样的生活？"

"人生的目标如何设定、人生的顶点又应该在哪里呢？"

在这本书里，我想分享自己的这些疑问，并请大家一起来思考。

抛砖引玉，先谈谈我的答案：人生的顶点是70岁，抱着"真正的人生才刚刚开始"的想法去生活。这是我想传递给大家的一种观念。

人们对40岁的印象往往是人生的转折点，此后人生即将走向下坡路，这实在令人伤感。但若我们能换个想法，把70岁当作人生的顶点，那么我们也是有可能把40岁当作新的起点，尽全力向着辉煌的70

岁狂奔。

我渴望摸索出一生作为"现役选手"活下去的方法，具体会在后文中介绍。

"今后我希望至少做 30 年的'现役选手'"，这是我近些年开始的想法。之前我一直认真地计划着 50 岁退休，要去大学里学习。

我 10 多岁就步入了社会，比别人都要早一些，因此没有经历过大学生活，未曾有过大多数人的青春记忆。正因为如此，我才渴望尝试慢慢汲取知识，以学生的身份去享受这种能够自由学习的生活。

但是，当我看到老去的父母，想法发生了改变。

虽然我的父母活得不是特别潇洒，但他们也并没有精心地为老年生活做过什么准备。因此，在他们突患疾病、直面身体衰老的时候，往往看上去会有些不知所措。

作为儿子，我自然要尽孝，既不焦躁也不会责备，但父母的心情却有些不同，每当需要我的时候他们都会说出令人很心酸的话："抱歉哪！"

这就是我的父母，即便接受儿子的照顾这种理所应当的事，他们内心也会感到愧疚。

在这世上，有人为了过上轻松闲适的老年生活，拿着不低的退休金，并要求孩子奉养。但我的父母却于心不忍。

他们的这种心情我很能理解。依靠别人、接受他人的好意其实是很辛苦的一件事。想来当我老去的时候，依靠女儿，我也会心生愧疚；依赖社会，我又会为给年轻人增加负担而感到内心难安。

当然，我们都会有因生病而行动出现障碍、不得不依赖别人的时候。在那之前，我希望自己能一直为社会做出贡献，做付出的一方，而不是向年轻人们予取予求，我想竭尽所能献出自己的所有。

如此下定决心的时候，我才意识到之前"50 岁退休后进大学学习"的梦想其实是自己渺小的愿望；而"为他人付出到 70 岁"的梦想却要精彩、伟大得多。

作为"现役选手"拼搏到 70 岁，一定能为别人付出些什么。为此需要我们更用心地度过每一天，克服身心的不适，用与此前相同的节奏行进，这种努力与调整也很重要。

我想在这本书里写一写为了实现这个梦想，眼下力所能及的事。若是能给大家一些启示，直至人生走到尽头都能坚持活出自我，我将喜闻乐见。

从此种意义上来看，本书既是用心过好今日的智慧，又是体面走完此生的诀窍。若能和大家一起增长智慧、掌握诀窍，亦是一桩幸事。

接下来，让我们言归正传，从此刻开始，用智慧、诀窍和努力，在人生中创造成绩。

松浦弥太郎

目　录

第一章　40 岁是一年级新生

停下脚步、仔细思考、开启人生的新篇章。

第一章 40岁是一年级新生

40 岁庆祝"第二个生日"

很多人一忙起来就刹不住车。

有很多需要做的事，以至于我们连喘口气都觉得奢侈。

相信有不少年龄在 40 岁上下的人都是这样不停地奔波。如果把 20 岁作为成年人的开端，那么到 40 岁的这 20 年间，我们一直扮演着成年人的角色。

我们是不是把所有事大致都体验过了呢？想一想，也学到了不少东西吧？做起来得心应手的事越来越多，想必也掌握了一些"闯关"的智慧。即使有些疲惫，但已经积攒的力量可以帮我们从繁忙中解脱出来并继续这段奔波的旅程。

但是，未来是否还要按部就班地一直奔波下去呢？

40 岁是不停奔波忙碌的时期，同时也是想一屁股坐下来歇歇脚的时期。我们的身体发生变化，感受到了与30多岁时不同的疲惫感，同时也产生了各种精神上的烦恼。

"一直以来，我到底都做了些什么？"

"这个年纪已经不算年轻了，人生也该走向下坡了吧？"

有很多人就这样一直呆坐着烦恼，抱着膝盖哪里也不去。

可是，一动不动就能找到答案了吗？

而且，一直烦恼岂不是会很辛苦难过？

40岁这个阶段，既有不停奔波的人，也有静坐的人。成功与不成功之人的数量也大致相当。在我看来，无论哪种人，40岁都是一个开启崭新人生的好时机。

奔波的人可以停下脚步，重新考虑目的地。

静坐的人可以重整姿态，重新考虑目的地。

展望人生之旅的地图，再次认真思考自己将去往何方，在我眼中，40岁正是个好时机。停下脚步、仔细思考、开启人生的新篇章——这便是40岁。

若是错过，此后可能再也没有这样的机会了。因为一直奔波、脚步不停的人随着年龄的增长，最终会因劳累而倒下。而一直静坐、不调整自己的人此后会更加难以站立，若是想再追上40岁拥有崭新开始的人就太难了。

所以，你是否要在40岁停下脚步，重新思考人生的目的地呢？

说起来，我40岁的时候，"不停奔波的自己"和"静坐不动的自己"在心中共存，反而让我很困惑。或许你也是如此。

好在自己鼓起勇气停下了脚步，也因此获得解救，得以转变心态，决意未来的路要愉快地前行。如今，我马上就47岁了，多亏了这次"复位"，我才能以崭新的姿态生活下去，这是我的真实感受。也正因为如此，我希望能让更多的人尝试一下这种做法，并从中得到启示。

即便到了41岁，或是42岁都来得及。或许无论多大年龄的朋友都可以试一试。就在今天停下脚步，庆祝"第二个生日"，庆祝遇见一个崭新的自己。若是把我们降临于世的诞生之日称为"第一个生日"，那么开始以全新的心态行走世间的那一天便是我们的"第二个生日"。

先对自己说一声"生日快乐"吧。

我们的目标——"精彩的70岁"

在我40岁的时候，定下了一个目标——把70岁定为自己的"人生顶点"。

世人眼中，往往把40岁看成一种"完成时"，之后再也没有什么发展的余地了。余下的人生就只剩下精心利用一直以来积累的经验、知识和人际关系去生活了。

果真如此吗？

比起坐吃山空，做些新鲜尝试、有些新的收入的生活更有乐趣。同样地，体验从未做过的事、接受新鲜事物的人生更为充实。重要的是，每天都有新鲜感。

看看那些依然活跃的70多岁的人，他们便是实际生活中的榜样。他们看起来很年轻，总是积极地挑战新鲜事物，随着年龄的增长而越发成熟稳健。当我亲眼见到在工作、生活上都备受尊敬的前辈们的充实生活，我发现"依然有自己不了解的世界存在"。

于是，我做出了决定：40岁再次站在起跑线上，向着"精彩的70岁"迈进。这个决定令我再次体会到了做一个"初来乍到的一年级新生"的感觉。

不久，我便意识到，"初来乍到的一年级新生"是符合时代需求的。

当今是变化的时代。随着海外的文化、习俗、工作方式不断传入，人们的工作与生活方式都受到了影响。这一现象今后只会更加明显。

即便如此，还是会有人抱着"我已经是高年级生"的想法不再学习或不再接受新鲜事物，这就比较遗憾了。与其说跟不上时代，不如说他们已经不再成长了。

因此，我们要以一年级新生的心态，不断努力学习新事物。即便已经是40岁的"老资格"了，还是要拿出"和20岁的人并肩学习"的态度，孜孜不倦地求知。做一个"初来乍到的一年级新生"，能让我们保持这份纯真。

另外，一直坚持学习也是在为我们打开"未知世界的大门"做准备。这扇大门并不是自动门，只能用自己的双手开启，必须由自己找到那扇门，没有人能为我们领路。"我要尽力找到那扇门，然后亲手打开它""要对新的世界充满期待"，我怀着这样的心态度过每一天。

还有一点需要注意，"在意顶点"就意味着"在意终结"。坦然接受自己的衰老和死亡，我认为这也是40岁应该具备的觉悟。

"我离老年生活还远着呢！""车到山前必有路，船到桥头自然直。"这样装糊涂的人还没有为衰老和死亡做好心理准备，所以他们才会选择避而不谈。

花开花落自有时，完成使命的小草终究会枯萎。有顶点自然就会有终点，这是自然的法则。作为成年人，应该具备直面这一现实的勇气。请把"精彩的70岁"这一目标和达成目标需要具备的觉悟当作一个整体来看吧。

40 岁后的三大禁句

若想将 70 岁设为人生顶点，还需要我们舍弃一些会造成不良影响的想法。比如平时不经意的时候说出的话，在不知不觉间会成为腐蚀自己的诅咒。所以，在此我想谈谈自己感觉应该被列为禁句的三句话。

禁句一：我做不了这种事。

这句话意味着，自己能做什么、不能做什么已经形成了定式。40 岁的人无论是人际交往，还是工作方式，都会按照自己的方式妥当处理，各有各的做事风格，所以很容易说出这句话，但是从今天起请忘掉它吧。若不断重复"一直以来的习惯"，新世界的大门便无法开启。

禁句二：抱歉，我不知道。

当遇到不了解的知识、文化和新的技术，虽然没有必要全部掌握，但当说出"不知道"这3个字的时候就相当于关闭了大门，也就失去了学习的机会。我感觉，<u>一个人从停止学习的一刻起，就已经开始衰老了。</u>

禁句三：人生就是如此，得过且过吧。

结婚生子后，房子的贷款还剩多少、在公司的个人发展前景，甚至这辈子能拿多少工资都可以预见。有些人会想：以后会怎样我都知道了，接下来的生活主要为了孩子，自己只要找点乐子活着就可以了。30~40岁的后半段，人们开始抛弃各种东西，活得越发消极，甚至有些人会自暴自弃，这令人感伤。

那么，你的状态如何呢？请时时反省自己。

有自己的办事风格并不是什么坏事，重点在于平衡感。既要保持一直以来形成的风格，也要接受新鲜事物，这不正是让40岁之后的人生熠熠发光的秘诀吗？

不要执着于自己固有的经验，应该通过吸纳新鲜事物，打磨自己绽放出新的光彩。而这份光彩以后也能为身边的人服务。

　　因为我想以这样的状态生活，所以十分注意避开这三句话。

破茧成蝶

请试着回想自己20多岁的时候，或是刚刚步入社会的时候。

我们都幻想过与现在相比，自己应该有更多的可能性。

那么这些可能性都消失了吗？是否还停留在幻想阶段呢？

有些人听到这里虽然矢口否认，但最终却只能以一句"那个时候太年轻，什么都不懂"来结束话题。

我想，那些认为20岁的可能性与梦想已经是过去式的人，也许现在的生活并不如意。还会因"40岁仍无所事事，并且已经预料到自己的结局"而失望沮丧。

既然如此，换个思路如何？

在40岁之前，我们一直为了变成毛毛虫而努力着。在破茧而出的一瞬间，我们曾经幻想过"要成为黄色和黑色条纹相间的毛毛虫"，或是"我也许一使劲儿就能变成一只大个儿毛毛虫了"。

到了40岁时，也许我们并不是黄黑相间的，而是变成了一只绿色的毛毛虫。也许我们曾经幻想过要一下子就变成一只大毛毛虫，但如今仍只是一只普通的毛毛虫。没错，答案揭晓了，但这只是"作为一只毛毛虫的答案"。

我想，在40岁停下脚步，就相当于放弃做一只毛毛虫，而是选择成为一个蛹。等到破茧而出的时候，就是作为一只蝴蝶的新起点。

绿色的毛毛虫说不准可以变成一只闪耀着钴蓝色光芒的蓝蝴蝶。而普通的小毛毛虫，很有可能成为一只拥有一双耀眼薄翼的蝴蝶。

这两种蝴蝶都很美丽，是在我们还是一个虫卵的时候根本无法想象的美丽。

当你觉得"现在的自己已经没什么发展了"想要放弃时，请幻想一下自己在蜕皮。把一直以来附着在自己身上的皮蜕掉才能变大。经过数次蜕皮后，即使觉得自己已经不会再蜕皮了，但其实还有坚硬如铠甲般的皮留在身上，还能继续蜕掉一层。如同破茧成蝶一般，一个崭新的自己就此诞生。

其实大家都能变成蝴蝶，但在毛毛虫时期就停止了成长，这不是很可惜吗？

40岁作为毛毛虫已经是个老手了，但是作为蝴蝶来说还是个新人。蝴蝶的世界无限广阔。我时常感觉，大家应该具备这种意识。

70 岁仍可绽放

我觉得 40 岁就把自己称为"叔叔""阿姨"有些欠妥。说自己"已经上年纪了",或许有自谦的意思,但 40 岁这样说还是太早了。

若是认为自己在之前的 20 年中努力不够,那就在未来的 30 年好好努力吧。即便怀揣梦想,但在 40 岁之前能顺利实现的人寥寥无几。

为了实现梦想,请暂且停下脚步,让自己回到起点。在我看来,40 岁是把不知不觉间变得不那么挺拔的后背好好舒展开来的最佳时机。

在纽约的哥伦比亚大学,有一位 52 岁的男子,他从进入大学一直到毕业用了 19 年时间。

这位男子出生在南斯拉夫,后来因战争原因不得不出国,落脚到美国时他 32 岁。他在自己国家的大学学过法律,但最后不得不终止学业,他连英语也不会说，想找工作恐怕非常困难。

最终，他找到了一份在哥伦比亚大学做清洁工的工作，但他并不认为"自己只能打扫卫生"。他利用职工可以免除学费的制度，开始在哥伦比亚大学学习英语。

令我很佩服的是，他在掌握英语后，从40岁开始选择继续学习大学里的基础教育课程。当然，他还是要继续做清洁工维系生活，因为有免除学费的制度他才能继续学习。

上午他与年轻的学生们一同上课，下午则要开始校内清洁工作——擦地、倒垃圾，一直持续到晚上11点，这应该算是重体力劳动了。美国的大学和日本不同，学生需要完成很多作业，因此，他在结束工作后还要拖着疲惫的身体回家学习，我认为这需要非常坚韧的意志力。

用了19年时间取得学士学位的他，并不把这当成人生的终点。据说，他还要以博士为目标继续学习。这真是个鼓舞人心的故事！

这个人的故事很精彩，在世界上一定还有很多很多这样的例子。在此，我再强调一遍，40岁就放弃人生真的太早了，一切才刚刚开始，严酷的环境不能成为放弃人生的理由。

只要人生还未结束，"自己的最终结果"就不会出现。

有些人擅自在中途断定"自己的人生已经有了结果"，这不是很可惜吗？

以新人的姿态迎接每一天

有些公司有提供"上班第 20 年的特别休整假期"制度，如名称所示，若是能把这时间用来"重启"一个崭新的自己那就再好不过了。

即使没有这种假期，我们依然需要设法腾出时间，为自己"重获新生"找到一条最佳起跑线，我认为这很重要。

有了新的起点，我们就能成为一个新人。无论做什么、去向何处，都能保持初心，我们也能因此一直拥有一颗柔软的心。

"以新人的姿态迎接每一天"，若能把这句话设定为 40 岁之后的主题，我相信未来的 30 年将会有所改变。

当然，做一个新人是需要勇气的。当我们不再依靠一直以来拥有的智慧、经验与熟稔的技术，而是选择把自己当成新人，面对一个新世界，想必很多事情都会令我们感到紧张不安，也许每天都会为不知所措而感到慌张，也许每次出现问题的时候都要担心能否顺利解决。

但是，这些都是坏事吗？是40岁时做这些事很丢脸吗？

我的答案是否定的。20多岁时稚拙的感觉和新人的忐忑心态才正是尽全力拼搏的原动力。

总是游刃有余的样子，热衷于摆出沉稳的架子说什么"无论出什么问题我都能解决"，如此视野狭窄很是可悲。

无论年岁几何，我都希望自己能做一个新人，能保持这样的心态：坦诚地向别人低头求教，当遇到自己不懂的事情可以惊讶地说一句"啊，原来是这样"。青春常驻的人，知道保持新人状态的重要性。

即使被嘲笑孩子气也无所谓。因为我们的顶点是70岁，所以孩子气一点也没关系。

即使被嘲笑"连这种事都不懂"也无所谓。因为有不懂的事才能保持天真；正因为不懂，才有吸纳新知识的余裕。

"年过40岁，应该看起来沉稳一些。""身为上司，就应该什么都知道。""身为父母，不能什么事都麻烦孩子。"——请打破这些条条框框吧。

以一个初来乍到的一年级新生的姿态，落落大方、满怀天真地站在迈向70岁之旅的起点上。

请向步入40岁的自己说一句："人生的第二个生日，祝我生日快乐！"

第二章　我的经历是宝藏

制作 20 岁到 40 岁的年表

我们在 40 岁停下脚步时，应该做的事就是客观地认识自我。

我们都希望能透彻地认识自己，但在不知不觉间很多事都开始变得模糊不清，至少我自己是这样。

为了拨云见日，客观地认识自己，制作一份自己的年表是最好的选择。回想一下，40 岁之前自己都做过些什么。有时候我们感觉最近才发生的事却一不小心就忘记了，所以，我建议大家试着做一份年表。

或许大家不知该从何处入手，其实制作年表的诀窍就是不要把这件事想得太复杂。

首先，请准备一个本子或者是一张白纸。然后画一条线，从 20 岁到 40 岁可以分成 20 个格。最后把自己回忆起的事直接写进各年龄的格子中，想起什么写什么。

就职、换工作、遇到了怎样的人、结婚、搬家、孩子出生……把这些想到的都写进年表里。

若大致写一写，年表可以很快就完成了，但这仅仅是大致而已。我想表中应该会出现几年是空白的。

"从33岁到35岁，我都做了些什么？""我20多岁的时候除工作以外，什么都没做就结束了？"或许有人会担心自己想不起来，没关系，我也没有那么容易就想起来，刚开始填写的时候，我经常盯着仿佛被虫蛀过般的年表发呆。不过，有时盯着盯着，记忆就突然蹦出来了。

"啊，这期间遇到了这个人。""让那个人帮我做了这样的事。"——经历惨败、遇到令人高兴的事、与谁吵架等，记忆就这样断断续续地苏醒了。我的故事也渐渐浮现出来。

通过这一过程，我意识到自己已经把大部分事情都忘记了。更令人不可思议的是，看着这份年表我变得客观了。就好像是在凝视着一个名叫"松浦弥太郎"的、好像是我，又好像不是我的人的20年，看着看着我便来了兴致，觉得越发有趣起来——"今天想起了一件事"——仿佛是在串联电影情节一样，当你沉迷于制作年表时，就开始能够客观地审视自己了。

无论是谁，从 20 岁到 40 岁这 20 年中恐怕都过得跌宕起伏。有爱情，有挑战，也有失败，也会遇到很多作为一个成年人需要直面的事。

写着写着，年表就开始变得乱糟糟的，比如："24岁发生了好多事，都写不下了。""38 岁换了工作，除此之外没什么可写的了。"等。人生各个时期笔墨有浓淡，无法像教科书的历史年表一样写得整整齐齐。

那应该怎么办呢？把想到的都写上，到了一定阶段再整齐地誊写一遍即可。"重写一遍"的工作，也是对过去的自己的一种梳理。如果在这阶段又想起了什么，那么直接加进去就可以了。

制作一份年表，可以让自己很安心。我们不会再不安地思考："过去的 20 年，我都做了些什么？"

把很多事写出来就会看到，我们都在跨越着某种困难。看了年表竟意外地发现有些事自己做得还不错。回想起工作和生活中的很多事，能令人松一口气，起码能对自己说："原来我并不是一直无所事事。"并且心中还会涌现对很多人的感激之情。

我用了 3 周左右做出了自己的年表，或许有人会很惊讶："需要那么长时间吗？"我感觉需要这么久是理所当然的。因为制作年表是从 40 岁开启未来 30 年的重要准备工作。

未曾认真审视自己曾经做过的种种事情并就此慢慢老去，这真是件令人悲哀的事。所以，我们需要停下脚步，检查过去，做好再次站在起跑线上的准备。

我认为挖掘"我的故事"所花费的时间是值得的，那里面埋藏着很多宝藏。

从平淡的日常中捡拾话题

我再多写一点窍门给那些为制作年表而苦恼的朋友吧。

觉得"没什么可写的"的人大概脑海中的人生是跌宕起伏的，就像电视剧一样，但其实人生是一条平缓的路。不要忽视那些感觉不值一提的小事，仔细地把它们捡拾起来吧。

我在上文中曾写过，制作年表可以使我们更加客观，像是在看别人的人生一般凝望着自己的过往。在这世上自己发挥着怎样的作用呢？为了培养自己在这些问题上的平衡感也需要客观性。

另外，"认同自己做过的事"也很重要。为此，我们应该学会从平淡的每一天中捡拾话题。

比如选择一些情绪的转变、日常习惯这些事都没关系。

"啊，倒是认真地打扫了卫生。""在这里努了把力，完成了一个小项目。"——类似这种状态都可以记录下来，或许可以成为我们重新思考变化原因的契机。

　　还有一些小小的成就也可以。即使没有什么在工作上受到表彰之类大的成就，打捞起一些小成就写进年表里吧。

　　"搬家这么艰巨的任务我都顺利完成了。""找工作的过程中努力去见了各种各样的人。最终没能在这一年定下工作，但自己努力过就有意义。"

　　再多说一句，我觉得"买了某大牌的包"之类的事也可以写进年表里。无论是宝石还是车子，买某一件东西就一定会发生与之相关的故事。或许你用了第一笔奖金买了一双高档的鞋子，或许你开始想要一个成熟一点的包。回想一下自己购买、使用物品的经历，也可以写进年表中。

　　请如这般细枝末节地去仔细追溯自己这 20 年的点滴吧。

打开"上锁的抽屉"

花费时间制作年表时，即使自己觉得"已经把所有事都回忆过了，再也想不出其他事情"，也一定会有空白之处。

可能表上会出现无论如何都回想不起来的时期，过得很平淡觉得没什么值得一提的时期。其实我也会有想不起来的空白时期，看着年表左思右想"这两年我没做什么吧"。

是单纯的想不起来吗？或许是不愿回忆吧。我觉得不管怎样，了解自己存在空白期是第一步。

若是花些时间，退一步看就会发现，那些空白都是自己非常厌恶或是艰难的时期。

那是布满荆棘的两年，所有的办法都好像在起反作用，感觉自己在没有出口的迷宫里挣扎。那种感觉会时不时浮上心头，但到底什么事如此艰辛却毫无头绪。

大概是我用粗的记号笔将人生的那段时期全部涂掉，然后下意识地当那段时期不存在吧。能意识到这些，也是年表的作用。

说到底，"被无视的时期"只是一段时期而已，并不是整个 20 年。也就是说，我们因为某种契机得以从黑暗之中逃离至向阳处，所以把这一契机写入年表就好。对这一事实的了解，可以帮助我们走好未来的路。

最终，我们想要的聪明可能仅仅是自作聪明。

人每天要解决各种问题，向自己的目标前行，为此制定出规则。我也打算如此，有自己的理想，会谨慎思量，然后下一番功夫去实现。

但是，人生的旅途是充满未知的，可能连精心策划的"人生地图"都派不上用场。"多少岁之前攀登这座山"的想法未能如愿，"多少岁时能收获这棵树的果实"的计划也无法实现，在我们每天拼命地应付着眼前事的时候，时光就这样飞逝了。无法从容地思考将来的事和自己的现状等，"当下正在做的事"不停地打造着我们自己的历史。

在这期间发生的无法解决的思虑、困惑、不安与烦躁情绪都暂且被放进内心深处的抽屉里，然后"啪"的一声合上。抽屉合上了，心灵的房间看似已经被打扫干净，但抽屉里已经乱作一团。

于是，"总有一天我要一件一件地取出来，把抽屉收拾干净"的想法渐渐变成了负担。于是，我们抱着"不打开又不会死"的心态把抽屉锁上了，佯装忘记。这就如同我们年表中不愿意回忆起的空白时期。

既然意识到自己的内心有一个上了锁的抽屉，那么我们不如考虑在40岁这一分界点试着整理自己的抽屉。我感觉整理抽屉之后再制作年表时，会从心底感到如释重负和安心。

这些年我拍了很多照片，有旅行照，也有日常生活照。从20多岁到40多岁，我拍过大量的照片，这些照片被我混在一起放进一个纸盒子里，到现在也没能整理出来。我一直惦记着这件事，若是能按照顺序把那些照片都整齐地贴好，那心里该有多痛快呀!

　　或许心中上了锁的抽屉与这放照片的纸盒是同一
种东西。

不要欺骗自己

自己的年表完全为自己而做，无须给他人过目。这并不是一份历史年表，所以也没有必要调查事实、探究内幕。

话虽如此，但最重要的前提便是如实地去写。先不提那些无论如何都想不起来的空白，已经回忆起来的事情就应该还原其本来面貌。

但是，人类是懦弱的，对于自己不想承认的事一般会有两种处理方式：一是当作此事从未发生过，将其放进内心的抽屉，然后忘记；二是自己欺骗自己。

说"欺骗"可能有些言重了，也可以说是粉饰吧。明明既不会给别人看，也不会有人指责自己，我们还是会蒙蔽自己。

"我人生中的这件事就当是这样发生的吧。"——于是，虚假的历史就这样被记入年表里。当然，在我们写的时候心里会想"这件事就这样写吧……其实稍微有些出入",但可怕的是接下来的事。

从往年表里记录谎言的那一刻起,我们心里便认定"当时确实是这种情况",不知不觉间就被自己的谎言欺骗了。

尽管很难为情,我依然要向各位坦白:不知何时起一个想撒谎的自己已经隐藏在我的身体里。每次"他"一出现,我都会为自己的懦弱而叹气。但是,了解自己的懦弱和把自己的懦弱"合理化"完全是两回事。

制作年表要诚实,即便是自己的过去也不能说谎。

如实地、不加粉饰地记录那些我们想逃避的事,有时可能会唤醒不好的记忆,使我们陷入失落中。把"因为发生了很多事,我和这个人相处得不好"替换成"因为自己的不诚实伤害了这个人",这需要莫大的勇气。

在这种时刻胆怯与否,决定着我们制作年表的意义是否会发生改变。我相信,只要我们鼓起勇气认真地直面自我,会对 40 岁以后的人生产生有利的影响。

真实记录,并不意味着告发。也没有必要为自己的不完美感到失落、自责。不要苛责自己，因为"人都是一样的，懦弱、愚蠢，人生大多时候都无法如心所愿"。无须闷闷不乐，也无须责怪过去的自己。

最终我意识到，珍贵的宝藏就混杂在我忘记的很多事情中。有些事当时无法接受和认可，如今才发觉其中的妙处，例如："啊，这个时期我仿佛掉进水里垂死挣扎，但即便在这种时刻依然有人向我伸出援助之手。""虽然当时觉得自己很不幸，但这其实是值得庆幸的好事。"这也是对自己诚实的奖励。

唤醒感恩之心

即便年表如被虫蛀过一般片片空白，在制作完成后也要细细审视一遍，这很重要。

"在此处有什么发现？"——我建议大家抽出一点时间，一个人试着想想。

思考过之后，我发现，从20岁到40岁这20年中，别人为自己做的事远远要比自己给别人做的事多。

父母、兄弟姐妹、朋友、恋人、同事、上司、邻居，在任何一种关系中，我们都是接受帮助和被支持的一方。

即便是当时自认为孤立无援的时期，实际上依然有人在帮助我。用了10年以上的时间我才意识到，当时自己被眼前的痛苦蒙蔽了，以致忽略了那微弱的助威之声。

有很多人依靠罗列痛苦的记忆来保护自己，就如同刺猬一样。"我的人生最惨了，被人利用、欺骗、玩弄，遇到的都是些倒霉事。我不会再相信任何人。"——他们如此怨恨别人，为了保护自己，把自己的心变得像针一样尖锐。

我身体里也潜藏着这样的部分，这也是人类懦弱的表现，所以无须否定。但好不容易才迎来了40岁——这人生的"第二个生日"，作为一名新生站在了新的起跑线上，若带着负面情绪度过接下来的人生，岂不令人伤感、遗憾？

所以，借此机会鼓起勇气拔掉那些刺吧。若是要罗列记忆，就找一些开心的事、受人帮助的事。

或许，你仅仅是忘记了好事，只回忆起令人不快的事。"别人对我的付出要多于比我为别人的付出。"我想这句话恐怕不仅适用于我自己，对大多数人来说也适用。从打破自己执念的意义来看，我们也应该从年表里捡拾出"别人对自己的付出"。

为了找寻"别人对自己的付出"而查看年表，心中自然就会涌起感恩之情，能与满怀感恩之心的自己相遇。

我认为，无论工作还是生活，感恩之情非常重要，这才是人生的动力。我坚信有了感恩之情，步入老年时代的自己无论未来遇到什么困难都能尽最大的努力去跨越。

忘记"40 岁前的自己"

制作年表，其实是在回顾自己的过去。或许这听起来与题目有些矛盾，但其实我想说的是，趁着 40 岁这个机会重新审视自己的过去，然后重置自己的人生。接下来的一步，就像是卸下包袱一样，忘记过去的自己。

把过去的自己、过去的荣光全部忘个干净。

这在我看来十分重要。因为自己已经不是 40 岁之前的自己了，不能被过去牵绊。

以 40 岁为界，我们过去和未来的能力是不同的，特别是体力方面确实有所衰退。

40 岁以前，忙起来甚至可以熬通宵。但是 40 岁以后就不同了。有时自己觉得熬夜没什么问题，但试过之后就感觉筋疲力尽，后面连续几日都缓不过来，严重的甚至会把身体搞垮。

40 岁以前，上班前一个小时从家出门，提前 10 分钟就能到公司。但渐渐地，上班前一个半小时出门都可能会迟到。走路的节奏变慢了，也不能一路跑着追电车了。

饮食方面也是如此，40 岁以后无法再按照以前的饮食习惯吃饭，酒也喝不了了。

大多数人在 40 岁后依然觉得自己能按照以前的方式生活，并没有意识到人生已经出现了拐点。如果再继续二三十岁时的工作、生活方式，就会对身体造成损害。

重要的是接受现实，为未来 30 年的旅途做好准备。

暂且忘记过去的自己，然后评估眼下自己的能力，即便体力不比从前，我们依然有办法能长期保持良好的状态。提前做好筹备，游刃有余地面对工作、生活，最终我们能拥有比以前更强的能力。虽然体力有所衰退，但其他能力会有所增强，比如感觉变得敏锐了，或者增强了筹划能力、思考能力。

无法再做好一直以来理所应当能够做到的事——直面这一现实也是为了落实肩上的责任。即使体力下降，也要拿出相同的甚至更好的结果，为此需要我们思考应该做些什么准备，只有这样才算是负责。在工作方面，我希望自己能尤其注意这一点。

　　若想在 70 岁迎来人生的巅峰，则需要我们以"现役选手"的身份步履不停地走下去。请记住，无论在工作还是家庭中，选择了"现役选手"的身份，就要永远与责任相伴。

"谢谢"

在感谢之后

重置自己

第三章

未来为好物做减法

你拥有什么

年已四十，整理一下自己拥有的东西吧。

在拥有的东西中，自然包括实际存在的物品；有房产等固定资产，存款、贷款等金钱方面的东西；家人、朋友和职场上的人际关系也包含在内；还有工作、梦想、责任、能力；等等。

把自己拥有的东西，无论好坏全部都写出来，列一个清单。

制作"拥有物品清单"和制作年表一样，都要内观自我。这需要我们拿出勇气，如同在镜子里看到赤裸的自己一样，我们会看到一些自己不想看到的东西，有时会感到困惑。

但是，正因为难以着手，40岁这一分水岭是一次机会。我建议大家鼓起勇气试着去挑战。

开始制作一份拥有物品的清单时，最重要的是

——厘清自己拥有什么。接下来的阶段最重要的则是意识到"自己竟然拥有这么多东西"。恐怕所有做了尝试的人都会为自己拥有的东西之多感到震撼。

大多数人在 40 岁以前的努力都是盲目的、横冲直撞的。一路走来没有机会停下来调整自己，因此我们拥有的东西在不知不觉间越来越多，这是理所当然的。

那些"行李"都是在无意识的状态下被收入囊中的，所以我们根本没意识到"自己其实拥有这么多的东西"。

我们总是容易认为"自己什么都没有，也没什么好东西"，但当我们重新审视自己拥有的物品清单时就会发现"原来我是如此幸运"。

"必需品"与"非必需品"

我们有时在旅行中会感觉到"为何我的背包这么沉呢"。于是,当天晚上把包里的东西都拿出来放在旅馆的床上,我们会意识到很多问题,"啊,原来包里有这么多不需要的东西。""原来因为包里有这种东西才会变沉的。"

现在我们40岁时整理拥有物品清单时就有类似这种感觉。

大多数人在40岁以前都在不停地往自己身上增负,所以背包会越来越重。与其拉扯着背包感觉着它的重量,不如看看包里都装了些什么,了解为什么会这么沉。

一开始就整理自己拥有的物品并不容易,因此我们也可以先挑出"非必需品",然后再把物品重新放进背包中。只是,我们需要做好把"非必需品"都处理掉的心理准备。

若是以旅行中的行李为例，我们可以试着这样想："这本书就留在接下来要去的山间小屋里吧，那里有一个书架收集到访者读完的书。""找一个想扔东西的早上，把这件 T 恤扔进酒店的垃圾箱吧。"抑或是畅想一下"下次旅行的时候，不要带这么多一次性用品了"。

"这个戒指虽然很漂亮但我已经不需要了。""这段交情是我绝对不想失去的吗？"——就像查看旅行物品清单一样，试着去检查自己拥有的物品清单吧。

无论是好是坏，拥有的东西一定有相应的分量。无论看起来多么轻都不能视作没重量。

"我的双手可以拿多少东西呢？"但是当我们思考后就会发现，自己其实拿不了太多。若是今后要向着70 岁启程，在未来的旅程中自己拥有的东西还会一点一点地增加，所以应当在再次出发的时候卸下包袱，轻装前行。如果能达到如此心境，就可以将"必需品"和"非必需品"进行分类了。

"只是分类而已，不用现在马上就把东西扔掉"，告诉自己这一点是分类的诀窍。因为扔东西需要勇气，也需要时间。毕竟有些东西在漫长的岁月中曾陪伴过自己，不可能在某天就突然扔掉，也不能扔。

倘若把"非必需品"和"扔掉"画等号，我们就会陷入焦虑之中，或许会把所有东西都归入"必需品"一类。因此，我们先要进行的是在纸上分类。重点在于知晓自己所拥有的，并调整其中的平衡状态。

开始分类后我们便会越发强烈地感觉到"果然并不是所有东西我们都需要"。不仅仅是物品，也包括看似很重要的人际关系，我们都能从中找到自己不需要的东西。

在人际关系方面，我们可能会发现那些虚荣心、自尊心、打肿脸充胖子建立起的交情不知从何时起成了自己的负担。

而且，也会意识到在比较得失后认为"留着比较好"的东西往往是令自己痛苦的原因。

"原来这种交往已经成了我的绊脚石。""原来这种习惯会令人失去自我。"——当自己有如此发现时，请将其归入"非必需品"的行列。

"非必需品"中也会有曾经对自己很重要，但随着成长变得不再需要的东西。另外，我认为有些"非必需品"是可以"复活"的，在经过自己改良后可以摇身一变成为"必需品"。

而"必需品"中也会包含我们的宝藏、感觉自己需要的东西和莫名想要拥有的东西。请把这些随意地记在清单里。

当清单完成后，便能看出"必需品"和"非必需品"的比例。这时若再有自己觉得可以马上丢掉的东西的话，那就干净利落地处理掉。建议大家把"今后只留些许好东西"作为主要方针。

之所以说"必需品"和"非必需品"的分类对自己来说很有意义，是因为它可以成为我们判断事物的依据。如果一眼便能看出事物的价值多少，我们就能判断出什么能让自己感到幸福，什么对自己比较重要。

"会做的事"与"不会的事"

用各种形式给自己拥有的东西分类，不仅是一种整理，同时也可以从年表之外的角度客观地审视 40 岁的自己。

因为在拥有物品的清单中，有一些内容与自己的能力有关。

例如：既有"英语口语流利"的人，也有"英语说得结结巴巴"的人；既有拥有着"源源不断涌现灵感的能力"的人，也有"对数字很敏锐"的人。

对于这些能力，我试着把"会做的事"与"不会的事"列出清单。"会"与"不会"的界限可以由自己来决定，但这其实是很难的一件事，让我有些伤脑筋。不过，只要我们肯花些时间去思考，一定能想清楚。

我推荐的做法是，首先，列出自己"会做的事"。带着自信，表扬自己一番。即便是小事也没关系，把表格中"会做的事"那一栏填满吧。

"打招呼的方式令人愉悦""整理东西"等，这些事情也可以。我们要认同自己"会做的事"、表扬自己，并且决意为了继续提高自己而努力。

其次，便是列出"不会的事"。既然自己不会，自然就不是已经拥有的东西。而是那些想学会却遗憾地发现自己不会的事，还有以前就希望自己能够掌握的某种能力。把这些都写进"还不会的事清单"里吧。

整理"不会的事"，并不是要让你强迫自己必须学会，也不用责备自己"都40岁了还不会做这种事"。

奔向70岁的旅程是我们持续不断成长的漫长之旅。请用轻松的心态面对自己还不会做的事，在未来的日子里从其中选择一二学会即可。了解自己不会什么，仅这一点就已是意义非凡。

"谢谢"与"对不起"

"谢谢"与"对不起",在我眼中,这两句话在日常生活里十分重要。

明明是很平常的词语,特意提及反而倒有些含混不清了,我下决心要用心地使用它们。比如说,在家庭聚会时,即便有些难为情,也要写一张感谢卡片。做这样一件小事,自己也会很开心。

利用"谢谢"之力,还能盘点自己拥有的东西。趁着40岁,了解自己经常感谢什么,对什么总怀有感激之心,不正是一个好机会吗?

请拿出本子,先从拥有的东西中选择并写出自己总是很想"谢谢"的物品、人和事。

接下来,请从拥有的东西中选择自己感觉"对不起"的东西,然后列出清单。我并不是一个完美的人,有很多不会做的事，也有很多事不能如己所愿。因此，有很多事都会让我觉得"对不起"。

当意识到有些应该改掉的毛病还没改的时候，我就会将其列入"对不起"清单中，比如"总是容易急躁，对不起"。

自己的身体，也可以列入"对不起"清单中。我不抽烟，如果有戒烟失败的人，或许可以列入一条"明知道吸烟不好，却还吸烟多年，对自己的身体说声'对不起'"。

我的"谢谢"与"对不起"的清单越写越长，我认为写出来有益于自己的心理健康，所以经常会写在本子上。

我们在日常生活中会遇到大大小小很多事，一直保持活力并不容易。时而萎靡不振，时而陷入无缘由的悲伤，我们要面对自己各种负面的情绪。每当此时，写出"谢谢"和"对不起"的习惯就会为我的内心做拉伸放松。不知为何，写出来我就能一身轻松，可谓我郁闷时的"心灵药箱"。

关于"谢谢",无论多微不足道的事我都会记上一笔。比如,对新长出来的指甲说声"谢谢",这是在向健康道谢;清晨的空气、笑容可掬的店员;等等,都可以写进清单中表示感谢。

关于"对不起",我会对无法友好相处的小 A 写出"对不起,无法妥善处理我们的关系"或是"对不起,没能说出这些道歉的话"。若是感觉自己从反感、不擅长等意识中学习到了一些东西,有时我也会写"小 A,谢谢你"。

凡事都应当先认清自己的错误,说声"对不起",这很重要。或许有人认为自己做不到向不喜欢的人写一句"谢谢",对此我的想法是"万事无论好坏,皆因自己而起"。

未能如愿的原因在自己。

被人用很差的态度对待的原因也在自己。

当与别人相处不融洽的时候,我就会想:其实是我对他的态度不好,对不起。因为我并不强大,也并非一直都正确。对自己的不自信使我能坦率地在脑海中说一句"对不起"。在我看来,无论是谁都有值得我学习的地方，这并非自谦，所以这也让我想说一声"谢谢"。

　　如此这般，试着去面对 40 岁之前的自己的心。

　　当试着写出自己的"谢谢"与"对不起"清单时，我感觉还是"谢谢"比较多。

　　清单在手，看着看着，心头依然会涌起感激之情。

从拥有的物品中找寻"重要之物"

"对自己来说最重要的是什么？"

请在 40 岁这一分水岭认真地思考这个问题。

我认为，盘点自己拥有的东西的最主要目的，并不是找到不需要的东西后一身轻松，而是借此了解对自己来说真正重要的东西是什么。

"在已经拥有的东西之中寻找重要的东西"才是重中之重。我们想要某种东西的时候总是习惯向外界寻求，但正如童话故事《青鸟》一样，我感觉宝物通常已经在我们手中。

人类总是有"想要这个、想要那个"的欲望，有"想变成这样、想变成那样"的愿景。但我认为与其追求自己没有的，不如珍惜已经拥有的东西，并与之加深羁绊，这才是从容生活之道。

在 40 岁以前，追逐自己未曾拥有的东西，不断增加拥有物品的数量。

在 40 岁以后，不再增加拥有物品的数量，而是将现有的东西精心打磨，宗旨依旧是"今后以少为好"。

你会选择意识到自己拥有宝藏，细心修整并进一步打磨；还是并没有意识到自己拥有宝藏，随意将其处理，并在不知不觉间就弄丢了宝藏？

二选一的话，自然前者是幸福的。那么，就请尝试在拥有物品的清单中挑选出"重要的东西"吧。

或许有人认为自己已经知道在拥有物品中什么才是最重要的。但越是重要的东西，有时反而会觉得没必要一一去想，这些理所当然的事往往容易被忽略掉。比如，健康的重要程度无可替代，但只要没生病，身体就自然处在工作状态，我们不会特意想到"啊，健康是多么重要"，而是在不断勉强自己的身体超负荷工作。

如前所述，人到了 40 岁，会拥有大量的东西。有时分不清重要与否，就一股脑儿地塞进背包里。其实，或许是因为"拿来留着比较好的东西"和"总有一天能用上的东西"太多了，"真正重要的东西"才会被埋没。

有一个好方法，可以帮我们找到"重要的东西"。那就是确认自己早上醒来时，脑海中会浮现谁的面容。

我有一个习惯，每天早上睁开眼睛，就会想到自己最想感谢的人的面容。首先浮现的是家人，在不同的日子里，会分别浮现出尊敬的人、父母和重要朋友的面孔。

每天早上坚持这个习惯，慢慢地不用特意去想也能心中有数。越是理所当然的事，就越需要时常确认。通过不断积累，才能对今后的人生需要什么、不需要什么有清晰的认识。

除了重要的东西以外，每个人应该都有"无论如何都不想放弃的东西"。其意义大概只有自己能懂，在外人看来可能难以理解。比如，不同寻常的爱好、虽然弹得不好却让自己很开心的钢琴、令自己笑得天真无邪的娱乐项目、宠物等。我认为别人无法理解也没关系，本来重要的东西就无须别人评判。

我们应当知道有一件事无论别人看起来多么无聊，但对自己来说是"真正喜欢、不可或缺的"，这很重要，因为这件事将成为今后人生的乐趣与支点。

极端地讲，其实大家都有这样一件东西——哪怕自己一无所有，只要有了它就满足了。

确定自己的"经典款"

对拥有物品的整理应该从两方面进行，即内心的整理和实际生活中的整理。也就是肉眼可见的东西和看不见的东西。

我想，对于生活中的物品，很多人感觉问题在于拥有的东西太多了。

40岁之前，我们买西服或是别的什么，将自己喜欢的东西尽数收入囊中。也有时为了学习还会不停地买自己觉得不错的东西。

买的东西越多，用不上的就越多。我们可以送人或丢弃。但我觉得这也是一种学习，是人生某一时期的必经之路。

但是，40岁以后，应该结束乱花钱的日子。发挥30多岁时积累的经验，尽可能地削减自己身边的物品数量吧。

削减物品数量的秘诀在于找到自己喜欢什么。

这需要我们慎重斟酌，决定自己"真正喜欢、能一直作为经典款百用不厌"的东西。

每当遇到这样的东西，比如西服，我就会买上两件作为囤货。T恤、裤子、袜子和外套都是如此。毛巾、手帕也会把相同的东西多买上几条。有时消耗比较快的东西我都会买4件。

或许有人会觉得诧异——既然都要削减东西了，同样的东西还要买两件吗？这正是控制物品不再增加的秘诀。

比方说，衬衫穿得再小心也避免不了领口和袖口会磨损。每到这时，我们就不得不买件新的，要是能马上找到一件合适的衬衫倒也无妨，但往往还要考虑到时尚流行等因素很难选择。找不到最称心的那一件，我们通常会做出妥协，"嗯，这件也不错吧"，买了以后又觉得不合适。于是，看到另一件也想试试看，就又买了一件。结果，乱花钱不说，东西就这样越来越多。

但是，因为买了2件或4件的备用品，所以我很少去购物。因为有所预备，所以没有什么可买的。

当找到合适自己的好东西时，我就会马上决定买很多件备用，有时甚至会想："接下来10年都不用为了这个购物了吧？"

或许也是由于男人服饰的流行变化比较少，其实，即便是女性，穿着外出服出门的机会也没有那么多。并且40岁以后，也不会再像年轻时那样拼命追赶最新时尚潮流了吧。

"我一直穿白衬衫和长裤就可以了，但买的都是好品质的白衬衫和真正称心的裤子。"——这是成熟而有品位的决定。

买有品质的东西，必定能收获感动。

"这里的缝制工艺非常细致。""面料好，所以穿着舒适度高。"——真正高品质的服装，穿起来能让人更加自信。因为样式比较经典，别人可能看不出它的亮点，但却隐藏着很多令自己眼前一亮的发现。

或许穿着这样的衣服并不会被人称赞时髦，周围的人还会觉得你总在穿同样的衣服，但我觉得比起被人称赞，还是穿上令自己感动的衣服比较重要。

令自己感动的、愿意买两件同款囤货的好东西——如果你想选择这样的东西，说明你真正用心地思考了。若能下定决心只买经过筛选的东西，那么我们拥有的东西自然就会变少了。

宝物的养护①
仪容篇

用心品味、慎重筛选出的好东西会成为自己的经典款，而我们拥有一件已经属于自己的宝物，那就是我们自己。

要想把自己当作宝物，关键在于养护，应当时常触碰、清洁与爱惜。

作为养护中的一环，我在40岁后保持着两周到理发店剪一次发的习惯。

可能有人会感到惊讶："你那么忙，很难抽出时间两周去一次理发店吧？"我把这件事放在优先位置，今后也不打算改变这个习惯。虽谈不上到了身心美容的地步，但落座剪发的过程中我能自我放松，或者认真地思考问题。对我来说，在理发店的时间可称得上"打磨自我的时光"。

当然，这需要一定的花销，但这钱一定能回本。因为 40 岁之后，我们需要加深与社会的交流。

与熟悉的人交流时，比较了解各自的为人，因此即便头发有些蓬乱，也能获得对方的理解——"啊，他最近很忙吧！"但与不熟悉的人交流就有所不同了。凌乱的衣服和不加修剪的头发会让人心生不快，甚至还有丧失信用的危险。

所以，我希望调整自己的仪容仪表使其总能保持良好的状态，无论与不了解自己的人，还是与其他类型的人见面，自己都能满怀自信。

我不想用"我最近很忙，很抱歉以这副打扮见你"的态度，而是无论何时都能自信地与人见面。

因此，我十分用心地整理自己的仪容，修剪发型并选择好品质的衣服。若想从事更好的工作、学习高层次的内容，就需要我们提升自身水平，包括仪容方面。

这方面的努力既能激发努力工作的热情，也能带来自信。仪容仪表，其实能转变为强大的动力。"把自己收拾得干净整洁，就会渴望与人见面。"——这句话对无论对男性还是对女性都适用。

无论何时、遇到何人我都不会为自己的仪容感到羞耻，能自信满满地与不完全认识自己的人见面。

我最重视两周去一次理发店，是因为我觉得头发尤为重要。据说初次与人见面时，目光最先落到的地方便是头发。颜色黑、面积大，因此头发很引人注目。

头发整洁的人，无论男女都会带给别人好印象。在意自己头发的人往往也会在意衣服，而在意衣服就意味着一个人的生活是井然有序的。另外，生活中井然有序之人，在工作上也一定会井然有序。

反之，有些人虽然嘴上冠冕堂皇地说着自己的生活多么有规律，但头发却没有光泽，身体看上去不太健康，这种人的话就欠缺说服力。也许有天生的发质问题，但头发有没有保养是一目了然的。

在意头发，指的并不是剪一个时尚的发型。关键在于一直保持清洁感，注意打理。

在头发长长之前剪掉它，这是我的原则，但具体做法可以因人而异。

女性应当比男性更注意打理头发。一般而言女性的头发都要比男性的长，因此发型在仪容中占据的比例也更大。

我们的体型和面容是无法马上改变的，但可以变换发型，头发越打理人就越精神。女性就更不用说了，好好打理自己的头发吧，直到总被别人问今天是否去过理发店的程度。

也有人到了40多岁开始长白发。把有白发当作一种魅力也可以，染成其他颜色也不错。不论如何，重要的是好好打理自己的头发。

宝物的养护②
健康管理

"明明是非常优秀的人，40岁之后的人生却一蹶不振，原因就在于搞坏了身体。"我尊敬的几个前辈朋友都是这样告诉我的。

"不断消耗健康的人，人生就如同从'梯子'上跌落下去；而严格进行健康管理的人还会继续在'梯子'上攀登。"——听过这句话之后，从40岁开始我重新意识到应当更加珍惜身体这一宝物，并将"今后我要把健康管理当作自己的首要工作"铭记于心。

人到了五六十岁，经过多年的奋斗，经济上已经比较宽裕，这时若提不起精神，人生该多么无趣。有了外出旅行的钱却要忙于往医院跑，着实可悲。

我不饮酒，每日早睡早起，但每个人都有着不同的生活方式和工作节奏，不可能强迫所有人都戒酒。

但如果工作上需要承担责任，并且对自己的立场有着清醒的认识，平日里还是控制一下饮酒量比较好。

保持规律生活和八分饱饮食都是我需要注意的地方。我不怎么吃肉，以蔬菜为主吃六分饱对我来说刚刚好，这也是因人而异的。遵循适合自己的节奏吧。

我从40岁开始每天都会晨跑，这也是健康管理的一部分。每年还要体检一次，套餐类型是一晚两天，可以全面地检查身体。

在公司提供的福利体检基础上，自己再添加一些项目，心电图和CT检查自不用说，连血管状态也会一并检查。虽然要花费些时间和金钱，但想到自己接受了如此彻底的检查也就安心了，所以一点也不觉得可惜。既能发现自己意识不到的息肉等生理变化，还能从医生那里了解到自己身体的长期变化，也由此我有了一个令人欣喜的发现：跑步之后身体出现了变化。

既然都是在健康管理上花钱，我感觉定期、彻底地进行体检远比购买寿险更有用。

宝物的养护③
牙齿的护理

70多岁还能身强体健、老当益壮的人，往往从年轻时就注意牙齿护理。牙齿不好就享受不了美食，享受不了美食就会影响整个身体的健康。

对于牙齿，多么用心护理都不为过。40岁后，即使没有蛀牙也要做好牙龈护理。纵然我们还有安假牙、种植牙等选项，但没有什么能比得上自己的牙齿。

"所以，你一定要定期地找牙医做牙齿护理。"——这也是一个我很尊敬的人给我的强烈建议。于是，46岁我开始了彻底的口腔诊治计划。

计划的第一步就是要把蛀牙治好，然后进行牙齿矫正。

"这个年纪还要矫正牙齿？"有人对此表示惊讶，但这在我周围算不上是什么奇闻。

据说，参差不齐的牙齿不仅容易形成蛀牙，上年纪后牙齿不好的风险很高。都说矫正带牙套需要熬3年左右，我觉得比起置之不理到了六七十岁牙齿都掉光来说，3年真的算不了什么。费用方面也是如此，牙齿问题越往后拖花销就会越高。或许可以说40多岁是矫正的最后机会。

当然，一些日常的个人牙齿护理也是必不可少的，我们不仅仅要刷牙，还需要使用牙线，并且要关注牙龈的健康。

牙科医生固然有不少，但大家应该知道其中有技术好的也有稍差一些的，我觉得最好是让自己信任的人帮忙介绍一下。

不要小看牙齿，它们可是自己重要的宝物之一。草率对待牙齿问题，后果不堪设想。把牙齿护理当成自己的兴趣之一也不赖。

珍视"谢谢"与"对不起"

在思想和言语上用心

第四章　令人期待的 70 岁

以 Vintage 为目标的 70 岁

我非常期待自己的 70 岁。

我们在积累各种经验后，自己得到了历练，并不断努力构建了坚定的价值观，最终有一种到了终点的感觉。

在当今这个时代，人们总是容易认为"年轻更有价值"。每个人都害怕老去，时常听到有人讨论怎样能让自己看上去更年轻。

如果说随着年岁的增长人会变得顽固、腐朽，那么年龄增长的确是一件可怕的事。

但是，人若能像红酒一样，随着年份的累积变得越发浓郁、香醇，那么年龄增长岂不是一件美事？

我对 70 岁的自画像，是以 Vintage 为目标的，而非单纯的老去。

Vintage 原本是指红酒中的上等佳酿，现在也指有价值的老物件，如汽车、服饰等。

有了"70岁时，Vintage便是我的目标"这个想法后，我开始对年龄增长充满了期待。

随着年龄增长，我们会变成更好的自己，自身价值也会得到提升，这是值得高兴的事。

在合适的湿度和温度中，红酒珍藏多年会成为更上等的佳酿，这也是Vintage一词的来历。我想认真地思考一下，对于人来说，什么是合适的湿度和温度？

有一点我能肯定的是，物质上的供给无法孕育满足感和幸福感。我相信，凭借精神食粮我们可以收获满足与幸福，并且踏踏实实地生活下去。虽然不可能每个人都成为有钱人，但是我认为凭借心态的调整我们绝对有可能获得真正的满足。

人生讲求宽度，而非高度

一位女企业家曾在人生的某一时期获得了巨大成功。

她曾经叱咤商界，年销售额高达 10 多亿日元，但因接连遭遇受他人蒙骗等厄运，如今公司倒闭，过着算不上富裕的生活。

我们俩经常见面，她总会对我说："因为我忘记了自己是个乡下人，所以才会落得这般田地。你可不能学我呀！"

她告诉我，因为自己是乡下人，所以爱面子、自尊心也很强。被别人一说，她就会佯装大方，不断地给钱或者借给别人钱。因为是乡下人，所以喜欢彰显自己，然后不停地打肿脸充胖子，这些都是她失败的原因。

在我看来，她所谓的"乡下人"其实不是自己的出身，而是每个人都有的自卑感。我们在成长环境、家庭、学历和"真实的、毫无修饰的自己"等方面都有着某种自卑感。我很尊敬她，因为她能痛快地说出自己失败的根本问题。

一直以来，我们都生存在鼓励"向上、再向上"这种不断逞强的风气中。为了理想中的70岁，自我成长十分重要，在成长过程中，挑战是必不可少的。我们应当经常使自己处在准备起跑的状态中，当机会来临时，不要畏首畏尾地逃避，而是要向前迈出一步勇敢地迎接挑战。

话虽如此，但也不要勉强自己。

更何况展示给别人一个经过伪装的自己，并没有任何益处。

或许一个人的"高度"一辈子都无法改变。一个人哪怕有自卑感，也无法改变自己的成长环境、家庭和学历。既然如此，不如不加掩饰、坦然接受并喜欢上真实的自己。

虽然人生的高度无法改变，幸运的是，我们可以扩展人生的宽度。我感觉40岁后不应再踮起脚向高处伸手，在以 70 岁为目标的后半生里，拓展人生的宽度才是我们应该做的事。

拓宽人生，最重要的是学习"高质量与高智慧"的处世方法。

为此，我们需要有坦诚的态度。对待任何事，内心都能像孩子一般干净，或感动，或惊讶，或喜悦。

以这种态度为人处世，我们自身就能拥有一种力量，能将更好的事物吸引到自己身边来。

任何人或物都会有优点，只要我们坦诚以对，就一定有所发现。我们若以此为契机，看看书，与人探讨，或是出去转转，只要能更深入地学习，就一定能拓宽人生。

以坦诚的态度结交自己觉得很优秀的朋友，也是拓宽人生的一种方式。在朋友中，和不少人结交的原因都是"合得来""好打交道""彼此能互相包容"。我认为我们与这些朋友的关系更像是发小或者亲人，这种交往并不能拓宽人生。就我个人来说，并不太喜欢这种让自己安心无虞的交往。

相对而言，我更希望自己能结交一些能令自己有所成长的人。

丰富的人际关系，是靠与比自己水平高的人做朋友来构建的。

为了提升自己，请结交高水平的人，而这需要我们学习应该学习的东西。我认为，这一认知对拓宽人生来说十分重要。"要是什么时候能和这样的人做朋友就好了！"——我想结交能令我产生这般想法的人，并且自己也在为此而努力。

这样的人通常都十分繁忙，可能无法随便约出来见面，不过正好为了见面我也要做相应的准备。

"我要怎样努力才能和这么厉害的人做朋友呢？"若能这样想就一定会为了提升自己而努力，每次战战兢兢地与对方见面，都会有很大的收获。

制作"个人时间表"

为了能在对自己的高度有所认识的基础上拓展宽度，我们可以制作一份"个人时间表（生活方式）"。就像专业运动员一样，有了这份表格很多事都能长久坚持下去。以在规律的生活中制作日程表的感觉来做一份自己的表格吧。

我们可以先问自己三个问题："要学习什么高质量的事物？""为了高质量做事自己需要做什么？""为了自身健康自己需要做什么？"

比如，如果你的回答是"为了学习高品质的东西，我应该去见更多的人"，那么可以制订如下计划："每周和新结识的人吃一次午饭 = 本周二与 ××× 一起吃午饭。""每月和朋友见面一次 = 下个月 × 日，晚 6 点，在那家西餐厅与 ×× 见面。"

确定好对方的时间，预约餐厅，然后记入日程本。

或者，如果你觉得"为了高质量地做事我需要接触大自然"，那么可以写下"这一天工作结束后去公园""周末去看大海"等计划。

计划不用都是"罕见的大活动"，最好可以将其纳入自己的习惯中。看电影、看书这些也可以算在计划之中。重点是要把这些计划先写进日程表里，特别是尽早把"为了自身健康必须做的事"作为每天的"必修课"写进计划里。

"我太忙了，无法计划工作之外的事。"过了40岁的人再说出这样的话就有些问题了。如果突然制订今天或者明天的计划，无法施行也是情有可原的。但若以工作为先，并且是让人无法自由地制订两周后计划的工作，我认为只有40岁以前的人才会这样做。

人们常常说："等有时间再说。"实际上大家并没有"有时间"的时候。40岁后，如果不能自己严格地选择自己要做的事，那么就制作不了自己的时间表。我在制作时间表的时候，会确定每件事的优先级，特别是要有把对自己的投资放在最优先级的生活态度。

我制作了自己的时间表后，生活很有规律，而且每天都会把自我投资的项目最先写进计划中。

由于事先决定好"这天去理发店",因此每两周我会雷打不动地去剪发;因为决定了"这一日去看牙医",所以不会将看牙这事一拖再拖。这样的计划能让我努力高效地完成工作。

"这天看电影""这天和朋友一起吃午饭",做好这些计划,可以和工作相互协调,张弛有度,使人对生活充满期待。

之所以我必须在5点半之前结束工作,因为5点半之后的时间安排得满满的。下班后基本上没什么聚餐活动,比较重要的计划就是"7点在家吃晚餐"了,这是我家的规定。全家人决定,至少要共同遵守这一规定。

晚饭后是读书时间,作为不可或缺的自我投资,这一小时是必须要确保的。接下来就是泡澡等生活琐事。"晚上10点睡觉,早上5点起床",这是无论如何都不会改变的"松浦弥太郎的时间表(生活方式)"。

正因为生活如此规律,我才能有时间学习外语、同别人一起吃饭。

打个比方，我现在在学习 3 种语言，早上要上一对一的课程。如果我没有早起的习惯，就无法挤出自我投资的时间。

　　另外，能空出时间和别人吃饭，也是因为我的生活很规律，一般我都会提早完成自己该做的事。我很高兴能有这样的机会能和别人一起吃饭，不过我也会提前跟店里的人打好招呼："请不间断地上菜。"这并不意味着我吃饭非常着急，我也不会换个地方再继续吃，即便"速战速决"也并不影响我体会其中的乐趣。

　　我想，上述内容能帮助大家制作自己的时间表。

以"出色的古稀之人"为榜样

"啊，我也想活成这样"——如果我们能找到让自己由衷这样想的榜样，那么70岁就会变得令人期待起来。

我认识出色的70多岁的人，堪称榜样，他们经常给我很多指点让我受益良多，比如从如何保护牙齿，到人生中何为重要的事。

举例来说，我有时会通过自己的书认识一些很出色的人。

某日，突然收到了一封来信，信中写道："我读了你的书，是你的粉丝。"其中还介绍了自己是个怎样的人，做什么工作。"松浦先生的书让我有了这些收获，我很开心。"

然后我们会开始往来书信，还会相约见面。我和一位非常出色的70多岁的先生也是这样相识的。

他的厉害之处在于，无论今天还是明天，可以24小时一直持续思考："我能为别人付出什么？我做什么事能令别人开心？什么能给人带来幸福？"

他思考的并不是自己的事，而是如何帮助他人，这点令我十分佩服。

虽然他曾身为公司的领导，但是每次去公司都会问员工们："有我能做的事吗？我能帮上什么忙吗？"

他想为他人付出的心意不仅仅针对公司的人或是客户。

"我能为自己身边的人、邻居、居住的社区做些什么？能为每天都会见到的人们，如公交车司机、车站工作人员、买东西时超市的工作人员等等做些什么？"

他每一天都在认真地只思考着"付出"，有时甚至会为了"做什么比较好"而烦恼。

他的每一天从早上5点的清扫开始。从家门前开始扫，到两侧邻居、对面住户，不断扩大范围，把附近都打扫得干干净净。

另外，无论遇到谁他都会亲切地问候。一边清扫家门前，一边向上学的孩子们说声"早上好"；通常都会来好几个回收垃圾的人，他就对每个人依次说"谢谢"。

出门上班的时候，他会由衷地对公共汽车的司机说："非常感谢！"对方起初会很惊讶，但很快就会因他亲切的问候而感动。

个人年收入已经以亿为单位的人，却一点架子都没有。

"今天我为别人做了这样的事，我想他会高兴的。"看着他说话时面带微笑、眼中闪耀着光芒，我心中很敬佩并且十分憧憬——"多么精彩的 70 岁呀，有一天，我也要变成这样。"

他虽然很繁忙，但和我见面时依然会认真地为我着想："今天和松浦先生见面，要送些什么给他呢？"

送的并不是物品，而是对我有用的建议、智慧或是令我高兴的事。

我们见面的时候，他偶尔也会说："抱歉哪，今天没什么能给你，真是不好意思。下次见面之前我会事先想好的。"我听后很惶恐地说："咱们能见面聊聊天我就精神多了，没关系的。"即使我这样说，总是想着"给予"的他是无法认同的，他的观念里没有"给予和索取"，而是"给予，再给予"。

他并不会考虑个人得失，但我认为他的这些付出能数十倍地回馈到他自己身上。因为金钱、运气都是循环往复的。

他觉得"自己从社会得到的比自己付出的要多"，因此自己要多付出一些，这也是他能获得成功的原因。

他教给我"实现愿望的方法"，实际上非常简单。

"有愿望是一件好事。不如先在别人身上实现这个愿望，这样就能更容易地得到自己想要的东西。"——每次听到这样的话，我心里"70 岁时想变成这样"的想法就会越发强烈。

勇敢地奉献自己

70岁仍很出色的人通常非常谦虚，不会认为自己总是正确的。

如果有不懂的事他们会明确地说出"我不知道"，并且坦率求教，这种态度很值得我学习。

通过书信我结识了一个人，他已70多岁，一直在欧洲旅行，他会坦率地询问我："我要在伦敦待上一个月，麻烦松浦先生推荐一些地方。"

我把自己喜欢的伦敦的酒店、餐厅和推荐的地方都告诉了他，于是他住进我推荐的酒店，按照我介绍的路线游览，最后把旅途的照片发给我说："玩得非常开心。"

当然，更多时候是我在向他求教，能够一直坦诚地聆听比自己年龄小的人给的建议，这就是他的魅力吧。

他的兴趣是帆船，不过因为身边的人担心他的安全所以放弃了，但他的好奇心依然蠢蠢欲动。有时会有人劝他："您可以退休了。"但他说自己"还有想为大家做的事"，然后依然继续工作。

他从不自命不凡，因为有未完成的事业，所以还要继续冒险。

活得神采奕奕的70多岁的女性，往往给人感觉比年轻人还要年轻。

她们身体健康，最重要的是落落大方。无论穿着，还是举止，都大方坦诚地展现着自己，因此她们看起来光彩照人。对此我十分佩服——不加修饰的美才是真正的美。

最近我觉得很优秀的一位经营者也是一位美丽且落落大方的女性。她虽然已年过70岁，却依然活得风生水起。

今年夏天，我受邀参加她主办的花园派对。她全程都微笑着，大方地跟大家逗趣，待客的姿态十分优雅。并且她待人周到、毫不刻意，令人如沐春风。

为了让我这个一人来参加的客人不受冷落，她给我介绍了聊天的对象。还不仅仅是介绍，她把松浦弥太郎是个什么样的人、对她来说是多么重要的人都毫不掩饰、完完全全地告诉了对方。

在引见我的时候，她并没有说"这是《生活手帖》的主编松浦弥太郎先生"，而说的是"这是我非常重视的人，拜托大家多关照"，因此，我得以与初次见面的人进行了有意义的交流。

她的厉害之处还不仅于此。派对开始后不久，她便飞快地返回我身边，迅速对我耳语道："松浦先生，您可以回去了。不用跟每个人都打招呼，我会装作不知道的，快回去吧。"

她了解我不太擅长应付派对这种场合，也不会喝酒，并且有早睡早起的习惯。

她并没有从主办方的角度考虑"为了派对的场面，中途离场不太好"。在她的体贴关怀下，我才能够心情舒畅地参加了一场本不擅长应付的派对。在那个夏日的午后，我再次感慨："要是自己上年纪后也能变成这样该多好！"

此外，她还是一个动笔非常勤快的人。我觉得自己在写作方面已经很勤快了，但跟她比起来还差得很远。

作家桐岛洋子女士也是一位出色的古稀之人，她曾说："若说我会点什么，唯一的原因就在于笔头比较勤快。"

桐岛女士因一封写给朋友的信，20岁时就在《文艺春秋》就职了。她朋友的父亲——作家永井龙男是《文艺春秋》的编辑，被桐岛来信的文笔所吸引。桐岛作为庶务职员被《文艺春秋》录用，后因寄给读者的信细致周到而受到认可，成为一名记者。

写信也是一种令人容易犹豫不决的行为，毕竟有些事特意写在纸上还是挺难为情的。写信时的大方坦诚也许就是有些人的魅力。

不会自命不凡

无论对谁都一视同仁

求教"成年人的满足感"

好奇心无比重要——一直坚信这一点的我，每每遇到出色的人就会坦率地问出心中的疑问。

比如，在与前辈一起外出吃饭时，注意到对方的西服不错，我就会问："您在哪里买的？"这些能让成年人产生满足感的东西，在网上查也查不到，直接请教是最好的选择。

"这件西服是在叫作××的服装定制店里全套定做的，他们每年从意大利定一批布料，我会在那时去挑选。"得到这样的答案，我又多了一个梦想——"把有机会定做一件衣服当成自己的梦想吧！"而且我还有了新的认识，"好东西果然不是挂着吊牌的成衣"。

随着年龄的增长，我们会迎来价值观突变的时刻。

有时我们会有点孩子气地认为应该把自己的衣服都处理掉，其实都是些自己之前觉得还不错的衣服。

我们会自然而然地意识到：应该提升一下，穿适合成年人的衣服。

这便是向上迈一级台阶的时机。面对一个新的阶段我会有些不知所措，而此时那些经历丰富的成年人、出色的古稀之人便能为我指明方向。

需要虚心求教的时候，客气是没有用的。我决心要铆足劲儿多多跟前辈们学习。

年轻时起，我就与年长之人有很多交往，他们经常会对我说："咱们一起去我常去的那家店吧，给你买件西服。"

当时的我只是觉得这样不太合适，总是傲慢地回绝对方："不用了，西服我自己买就可以，毕竟我工作了。"

有一次，我意识到自己的态度很没礼貌。对方心里一定在想：本来想让他通过穿更好的衣服来学习到更多的事，真是遗憾哪！

有时客气会伤及对方的颜面，所以只能心怀感激地接受对方的好意。而妥善地接纳对方的好意，往往也是在给对方面子。

如今，若是有人对我说："送你一套西服吧。"我就会欣然接受。因为我理解了这样才是在表达自己的敬意。

在我结识的前辈中，有一位优雅、通达之人。一次，他在我过生日时送了我一张西服定制券，想必是还记着我提到过的定制全套西服一事。

高级成衣店的全套西服定制——这个礼物太奢侈了，我在开心之余心里也有些忐忑。

但是，妥善地接纳对方的好意是最礼貌的态度。既然对方愿意把成年人的质感传授给我，我何不利用这个机会尽情求教呢？如果能去他一直光顾的裁缝那里定做衣服，也算是长了见识。于是，我下定决心让他带我去那家定制店。

从选布料、细致地测量尺寸，到仔细地确认纽扣、口袋、折缝等细节的样式，在定做一件合身西服的过程中，有很多值得我学习的事。打版试穿也不是一次就能完成的，整个制作需要半年左右的时间，每次去那家店都是宝贵的学习机会。

带我去店里的前辈，看着别人帮我量尺寸时面露笑容。因为他喜欢馈赠所以很开心，而我接受了他的这份心意，他也会更加高兴。听到他对我说"今天谢谢你了"，我很惊讶，"应该是我谢谢您才对。"

我在感谢之余，可以尽情地学习这些丰富的知识。每当此时，我都会想："要是自己一人独占这些的话会折福吧。"

受教的部分一定要有所偿还。那么，自己能给对方什么呢？为了把得到的满足感再回馈给他人，自己能为社会和身边人做些什么呢？

这些答案正是得到这些满足感时的"听课费"，我在心中决定：这笔"费用"一定要继续交下去。

向父母学习

从"晚年"的角度来说，我们也很有必要对70岁的自己进行一番思考——我该如何应对年岁的增长？这也很重要。

对此，最好的老师就是自己的父母。照顾父母固然很重要，我们还应该仔细地观察，要更详细地了解父母以及将来自己的晚年生活。

父母是离我们最近的研究实例："到了这个年纪，如果做不到这种事该怎么办？""在这个岁数之前，应该提前学习这样的知识。"……

不仅限于健康状态，父母有多少钱、有多少财产、最在乎什么。只要我们仔细观察、掌握具体的情况，就能了解到我们应该为自己的晚年做些什么、准备些什么。

市面上已经有很多关于备战晚年生活的书籍，或许这本书也会被归到这一类别里。但书上写的内容大多都是普遍现象，未必适用于自己。另外，无论书上写得多好，要是对自身没有实质性的帮助也很难学得进去。

在这个问题上，我觉得男性认真看看自己的父亲，女性看看自己的母亲，就能对 70 岁时自己的样子有个更直观的认识。

我们到了 40 岁左右的时候，父母大多 70 多岁。我感觉这个年龄段的人一般很少注意自己的父母。

40 多岁正是为工作、孩子忙碌的时候；抑或看到曾经年轻健康的父母一点点地变得衰老虚弱而心生悲凉，不想面对这一事实。这些理由都会让我们选择逃避现实。

观察父母，在某种意义上讲也是一件残酷的事。因为，在观察中浮现出来的未必一定是个"优秀的成年人的榜样"。但无论父母情况如何，他们是我们的样本这件事不会改变，一定有值得学习的地方。

比方说，如果你的父母无论在健康方面，还是金钱方面都没有为晚年做准备，这让你很无奈，于是，你在帮助他们的同时，自己也能得到经验——"为了自己以后不发愁，一定要为晚年生活提前做好养老金的准备。"也许你的父母是思虑周到的聪明人，为晚年做了充分的准备，那么你也能了解到做这些准备的重要性。

40岁以前，我几乎很少与父母见面。

我20岁之前就离开了家，所以和父母有些疏远，即使见面也很少说话。我们彼此都觉得有些难为情，面对这样的关系有时会有些不知所措。

但是，以40岁为契机，我养成了与父母定期见面的习惯，我努力构建正常的亲子关系。

钱够不够花、健康状况如何、重视些什么？

对什么事情感到不安、介意什么、害怕什么？

与父母定期见面后，我努力地去了解他们这些小细节。用面对未来的自己的感觉来面对他们。我觉得只有跟自己的父母才能学到这些宝贵的经验。

当然有一些事，父母也会想对我们隐瞒。我想，这只有靠我们自己努力一点点地揭开谜团了。

在定期与父母见面后，我从他们身上发现了不少"还不错"的地方。我的父亲年轻时是个很有威势的人，但上年纪后却变成了一个随和的人。他的言辞礼貌客气，无论对方多么年轻，哪怕是个小孩子也会使用敬语。他不会颐指气使，谦逊的态度让我很敬佩。

回想起来，我的爷爷和曾爷爷也是如此。一想到家里人都是年纪越大性情越温和，我就觉得莫名的安心。

以 Vintage 为目标

而非单纯地老去

第五章　由「索取」到「付出」

40 岁开启"付出的人生"

我时常这样想：人的一生看似很长，实际却很短暂；看似能做很多事，实际上也做不了什么。

所以我们就应该浑浑噩噩度日了吗？其实恰恰相反。如果人生只能做很少的事，我希望能做有益于别人的事，哪怕只有一两件也好。我想用整个人生来回应别人对我的需要。穷尽一生向着自己的目标靠近，或是为了取悦自己，在我看来都是空虚、无趣的生活方式。

因为自己一个人的梦想和欲望都出人意料地渺小，很快就能实现或者被填满。与其说实现目标能给我们带来喜悦，其实那是结束后还未尽兴的失落感。

但是，为了别人或社会献出自己的力量，这种尝试是不会完结的。正因为无法完结，才有挑战的意义。

40 岁前我们可以为自己而活，40 岁后是不是应该把人生切换到为他人奉献的模式呢？

我在前文中也提到过，40岁之前很多事我们都需要仰仗别人，同事、家人、朋友给予我们很多帮助。因为那时的我们初出茅庐，很多事都需要学习，自己能办到的事情还很少。

但是，人不能永远幼稚下去。抓住40岁这一机会，把自己的观念从"索取"转变为"付出"，把接下来的人生目标设定为自己身边的人、为萍水相逢的人，当然还要为社会做些什么。

一味索取的人生，在现实中是不存在的。在我看来，对这世间和社会索求无度的人生非常贫瘠。

付出的动力是感激之情。我想，在我们通过制作年表、盘点自己拥有的事物来回首此前的人生时，定能发现别人为自己付出了多少。所以，我们应当将自然涌现的感激之情转变为行动。

请把好人生之舵，由"索取"转向"付出"吧。

悄悄地、稍稍地、暖暖地

"为别人做点什么吧！"在心中下决心的时候要注意一点，不要总想着做了不起的大事，如大额捐款、志愿者、能改变世界的发明和事业。给予别人的也未必都是一看就知道多贵重的东西，这是我的看法。

没钱就无法捐款，没时间就做不了志愿者。并不是谁都有能力拥有改变世界的发明和事业。

"所以，我没有什么可给的。"——就此放弃有些可惜，不如换个角度，着眼于力所能及的小事吧。

在日常生活中，别人为我做了些什么？

在亲密的人际关系中，别人为我做了些什么？

左思右想就会发现，我们有很多能做的事。比如，令人愉悦的问候、礼貌周到的举止。我们可以在开关门时更加温和稳重，也可以在放东西的时候更加优雅有礼，这样既可以令身边的人如沐春风，也能让他们察觉出一些什么。

倘若"付出"这个词让你觉得需要做好思想准备，那么可以换成"温柔地对待整个世界和除自己以外的人、事、物"。

请尝试着不为人知地、悄悄地为别人做些温暖的事。

这是一种奉献的行为，同时也能柔软自己的心。小小的温暖也能使自己感到幸福，所以才能不断涌起温暖的力量。

比如：进入公司的卫生间，把有水的地方擦干；尝试着整理雨伞收纳架；在家收拾垃圾，在家附近迅速地打扫垃圾站。这些事情都很简单，可以立即开始进行。

虽然都是些举手之劳，哪怕仅仅是悄悄地献出一点温暖，也能切换由"索取"到"付出"的开关。这就是我在有意识地悄悄做出一些温暖的小事后的感受。

做满足对方需求的事

如果你已经习惯献出一些小小的温暖，那么可以进行更高等级的"付出练习"了。

若想为一个人做些什么，首先应当知道那个人需要什么。

"在日常生活中，人们都在追求什么？在什么方面会需要别人帮助？会为何事感到不安？"思考这些问题能为我们找到些许答案。为别人做些自己力所能及的事，也可以与工作相结合进行。

就我而言，我希望能通过从事出版工作、写书、经营二手书店来满足别人的需求。如果每个人都能从我的表达中，找到自己想要的答案，并收获喜悦，那么这是我最大的幸福。

我总是不由自主地认为，决定工作成果的既不是"我只做了这些事"的工作量评定，也不是类似"我都这么努力了"的自我情绪考量，而是"有多少人因为我而高兴，有多少人得到了我的帮助"。

通过工作奉献于他人是最令人高兴的事。我总觉得只要自己这个齿轮无法配合社会这一巨型机械，那么工作就不算成功，人生也只会白忙一场。

我的朋友之中，有一位技艺精湛的厨师。他对工作十分热忱，从早到晚一直干活也不觉得厌烦，总是在努力地研究美食。就是这样的一个人，有一次他对我说："我已经很努力了，但是却无法从营业额上体现出来，真是想不通啊！"

我能为一筹莫展的朋友做些什么呢？思考片刻，我说："把蛋包饭加进菜单里怎么样？"

对于一家正宗法式餐厅来说，我的提议可能有些天马行空，但我想传递给他的想法是："做客人需要的、喜欢的料理如何？"

他是一位非常优秀的厨师，具备工匠精神，有时会比较偏执。在他的店里，没有能让客人看到菜单后就马上浮现在脑海中的菜品。

很少有人会在看到菜单上用片假名和法语写的"A·La·××××"或是"××风△△△的××酱汁"后，还能有"这道菜应该很好吃，我很想吃"的感觉。

但是，只要写出"蛋包饭"，基本上所有人的脑海中都会浮现出蛋包饭的样子：嫩黄色的鸡蛋松松软软地盖在上面，热腾腾的米饭香味扑面而来。只有想象得出菜品的样子，才会产生"我想吃蛋包饭"的想法。

我觉得可能是因实力出众造成的偏执和自尊心影响了他。于是，我开诚布公地告诉他，比起"要让客人满意"，他更注重的是"要做出自己能认可的料理"，所以得不到大家的认可，再怎么努力也无法提升营业额。

餐厅的装潢很高档，服务员也帅气周到，这些可能也令客人们感到"门槛高"、有压力。

"工作并不能只是自我满足，不如尝试改变一下如何？"他是个聪明人，听了我的话深深地点点头，看来已经接受了我的建议。

人都会希望得到自己觉得好的东西，同时也会对比自己的眼光稍次一点的东西感到安心。因此，很多情况下，人们都会追求"熟悉"的感觉。这一点决不能忽视，既然对方的要求是"想要熟悉的东西"，那么我们就要顺应这个要求，再附加一些加分项也很重要。

拿餐饮店来说，如果是我，我会选择开一家家庭餐厅。

家庭餐厅是每个人都熟悉的、可以轻松进出的地方。可以带着家人一起去，也不用穿得多么光鲜亮丽。甚至穿家居服也没关系。我会把菜单和店里的装潢都弄成大家熟悉的家庭餐厅的样子，不过提供给客人的是比一流餐厅更美味的菜品，这不是很棒的事吗？

要想满足别人的需求，只一味地提供上好、高级的东西是不行的。在不让对方紧张难堪的前提下依然能提供优质的东西——当我们有了这份用心，就能让对方真正满足了。

做"受大众喜爱的事"

我的那位厨师朋友之所以努力却得不到相应回报，
还有另外一个原因。那就是他的菜品和餐厅没有受到
大多数人的喜爱，他店里的料理让美食家们十分欣喜，
但这样的客人毕竟还是少数。

"你觉得能有多少人喜欢你的餐厅？"听到我的问
题，他沉默了片刻回答："大概有 200 人吧。"

能否受到大众的喜爱与餐厅的收入是成正比的。
之所以好莱坞明星与我们的收入有着天壤之别，是因
为他们通过演电影受到了全世界数百万人的喜爱。他
们满足了很多人"想看精彩电影"的需要。

"我做的事能受到众人喜爱吗？"——在我看来，
如果我们不去思考这个问题，就无法提高自己的地位
和收入。蛋包饭所象征的"令众人安心的东西"，其实
也是"众人喜爱的东西"。如果他能做出最美味的蛋包

饭，我想喜欢他的餐厅的人增加到 400 人、800 人也并非难事。

通过工作整合自己做的事和世人的需求，这也是"奉献人生"的练习。为了避免白忙一场，我们应该努力让自己的工作与更多人的需求相吻合。

开始时有 100 个人高兴地接受帮助，然后增加到 300 人、500 人、1000 人，与此同时，自己的社会评价和信誉也会有所增加。最终我们的地位得到了巩固、收入也随之上涨，就能以更强的能力继续奉献。

我希望在从 40 岁向人生顶峰 70 岁迈进的同时，自己能不断地思考怎样才能以更强的能力为他人奉献。至少，我每天都在认真地思考这件事。

当然，每个人的生活方式都不一样，有些人会认为"我的个人风格更为重要""我只帮助亲近的人，让他们高兴就好，只要懂我的人理解就行了"。其实，我也十分理解这种心情。

因为，40 岁以前的我就是抱着这种态度。虽然有喜爱我的人，但仅限于在一个小圈子里。40 岁以前的我总喜欢装模作样地把自己的风格发挥到极致，希望能为有着共同价值观的人做点什么，以博得他们的好感。

但是，一位作家朋友曾说过这样的话："无论什么书，卖不出去终究是不行的。哪怕书写得再好、装帧再精美，没有销量也不行。"

他是那种非常有自己的坚持，为了出一本好书甚至可以拼命的人。但是，遗憾的是书的销量并不好。

"卖不动的东西就不是好东西吧。原来如此，如果是好东西的话，大家一定都想拥有。看来，只有我自己觉得我的书还不错。"

听了他的这番话，我豁然开朗。

虽然没必要变得八面玲珑，但我的确需要放下自己的执念，今后应该优先奉献出让很多人都喜欢的东西。转变想法后，我感觉世界都变得辽阔了。

不仅限于我的这种工作，对公司职员来说，过了40岁以后，换个想法，学习不同的工作方式也很重要。也就是说，我们应当以40岁为契机，将一直倾向于自己的意识向外转变。这需要一些勇气，但这一决定既能促进以70岁为目标的生存方式的转变，也能改变世人对自己的评价。

例如，在制订《生活手帖》企划方案的时候，我去了商场的食品卖场、购物中心等各种人员密集的地方。每时每刻都在思考什么东西能受到普通民众的喜爱。甚至在上下班的电车里都在揣度："要想让这车厢里的人都喜欢，什么是必须要素。"

其实，关键在于自己的选择。如果你认为"我不需要钱、地位和社会信用"，那么大可以决定在自己的路上走下去。但是，如果你需要这些，就必须奉献大众需要的东西。我们不可能做到"既想坚持走自己的路，又想要金钱和社会信用"。

总之，重要的是努力地想得到他人喜爱，并且能真的令人感到开心愉悦。有句话叫作"尽人事，听天命"，而"尽人事"并不是易事。

在一流餐厅学习"付出的方式"

我希望能把一直以来各位前辈赋予我的东西，作为一种回馈同样赋予我的晚辈。既然已经在 40 岁这一节点变成了付出的一方，那么就不应忘记"付出"的意识。

在一开始的阶段，可以带年轻人去一流餐厅，请他吃一顿大餐。

在一流餐厅请年轻人吃饭，其实并不单纯为了"让他品尝美食"。

"在这世上有很多这种美食，有很多如此周到的服务。我希望你能在这种自己去不了的店里多多学习。"——我请年轻人吃饭抱着都是这样的态度。饭菜的价格虽然不便宜，但一想到能在打动自己的餐厅里度过宝贵的时间，我就觉得一点也不贵。

如果自己没有事先学习付出，怎能做到为别人付出呢？又怎么能带他们去那些美食排行榜上的一流餐厅？

我10多岁就步入社会，身边有很多成年人，因此被他们带着去过很多老字号中的老字号。那时自己还是个孩子，要么被拍手，要么被打脚，在前辈们的训斥中我学到了很多礼仪。

虽然，我从年少时起就出入一流餐厅进行社会实践学习，但真轮到自己带别人去，就是另一番感觉了。

40岁之后，我找到了几家能建立信任关系的餐厅，无论何时去他们都很给我面子，而且了解我的需求。

通过不断尝试和学习，最终我遇到了这样的餐厅，哪怕我现在提出："我的3个朋友现在特别想过去吃饭，过后我来结账，帮个忙让他们过去吃吧。"对方回复一句"好的"，就能帮我招待朋友。

请年轻人吃饭应该选择什么样的餐厅呢？首先，可以选择别人带自己去的、方方面面都令自己感动的店；其次，就是带着好奇心自己培养起信用的店。

两三家日常去的信任度很高的餐厅；两三家一周去一次、感觉还不错的餐厅；两三家一季度去一次的一流餐厅——只要有了这些"储备"我就可以安心了。

自己寻找餐厅是需要时间和金钱的，我们不要不舍得。

初次选择一家餐厅，在带别人去之前自己先去看看。如果是平时经常去的店，在午餐时间去也是可以的；如果是一流餐厅，就在晚餐时自己试着享用全套菜肴。

有一次我带一个年轻人去了一季度去一次的、当时我最喜欢的一流餐厅，这种店里通常会有很多独自来用餐的男性。他们不是为了调查什么，而是为了自己学习，大概是在自我投资。这样的人一般都衣着讲究，举止得体，绝不会酒后失德。我发现越好的餐厅，一个人来的客人就越多。

我是这样传授自己与一流餐厅构建信任关系的诀窍的：与其每周经常去、时不时地吃点什么最后变成常客，不如一个月定期去一次，每次都点那家店当时主打的菜品。

带年轻人去一流餐厅，已经被列入"我的时间表"中，成为日常事务的一部分。思考下次要带谁去也是一种乐趣。

他们准备离开餐厅的时候，店里还会准备一些礼物送给这些年轻人，这是在给我长面子。受人偏爱的店大概就应该是这个样子吧。作为付出的一方，与其好好招待我，不如为我带来的人提供最好的服务更令我开心。

我带来的年轻人对这一切十分感激，相信等他到了合适的年纪，也会带其他年轻人来吧。或许老字号就是这样延续下去的。

作为付出的一方，我还很稚嫩。即便是现在，我也有很多机会与前辈一起吃饭，很多时候都是对方请客。我应当算是年龄处在中间的一代人吧。最近，这种请客附加了一条新规则"轮流制"。

"这次我选餐厅我来结账，下次就拜托啦。"这样一来，彼此都没有顾虑，也能不失礼节地款待前辈。双方还能交流自己觉得不错的餐厅。

40 岁后应当了解的"一流餐厅礼仪"

我将自己在充满失败与尴尬的体验之中学习到的"一流餐厅礼仪"总结起来，供大家参考。

①仪容

去一流餐厅未必就一定要穿高级服装，我觉得只要避免牛仔裤和休闲服，普通打扮即可，如穿夹克等，但不要穿旅游鞋。如果穿衬衫的话需要熨烫平整。女性朋友只要遵守"不用影响菜肴香气的香水"这一规矩，穿正常的衣服就可以。容易被大家忽视的一点就是要减少随身物品。即便好一点的餐厅会帮我们寄存起来，但我们还是应该把随身物品调整到放在身边也不会碍事的程度。

②言谈

　　不要发出很大声音，这是无论发生什么也要遵守的铁律。不吹牛、不说别人坏话，这些都是理所当然的规则，应当遵守。一流餐厅里会聚的都是高层次人士，因此不能破坏氛围。避免说一些诸如"工作非常顺利"之类的彰显威望的话。定期光顾一流餐厅就已经能证明事业状况了，没有必要再大肆宣扬。另外，也不要高声呼喊服务员。我曾经就冒冒失失地大声召唤过服务员，结果被带我来的人斥责道："这样很没礼貌，不要再叫了。"一家好的餐厅，不用客人召唤，服务员就会在适宜的时机提供服务，在店里非常忙碌的时候才会有服务员不出现的情况发生。

③举止

　　因为是熟客所以摆架子或以傲慢的态度示人，是十分荒唐的事。至少我们的举止应该体现出良好的素质。40多岁的人应该都知道，用餐时不能去卫生间。要去的话应该等到用餐结束，或是在落座之前解决。

在用餐过程中离开，就意味着这期间要把自己招待的人弃之不顾。另外，最近很多人会拍摄菜肴的照片。这也是对餐厅的一种宣传，餐厅的人不会生气，但大家应当了解，在一流餐厅里是不适合拿出相机的。

④用餐

用餐的节奏非常重要。一流餐厅会给客人提供最佳状态的菜品，包括热的、凉的和温的。一道菜吃过之后在腹中沉淀，当歇口气后想尝试其他味道的时候，下一道菜便会在这绝妙的间隙上桌。我们作为客人也不要吃起来磨磨蹭蹭的，应当掌握好节奏。调整自己的身体状态，哪怕有自己讨厌的东西也要"消灭"掉。一流的餐厅会将这次提供的菜品全部记录下来，下次大概就不会上同样的菜肴了，不过如果我们是招待的一方，可以在预约时提前打好招呼："我不太喜欢这种食物。"

⑤结账

令我意想不到的是有一点容易被大家忽视。即便餐厅可以刷卡，也要用现金结账。哪怕带着别人一起、账单有10多万日元也要如此。有品质的餐厅会采购一些顶尖食材，而这些顶尖食材只能用现金购买。即使客人花销10多万日元，用银行卡支付的话，一两个月后餐厅才能收到现金，所以他们并不喜欢客人用卡支付。我们至少应当了解"在一流餐厅用卡结账的客人是很失礼的"这一常识。

一流餐厅不是随时想去就能去的地方，因此我们应该事先把钱放进信封里准备好。比如，人均3万日元的店，带上3个年轻人一起去的话，加上酒水差不多20万日元。准备好这笔钱，然后在结账的时候拿出装着崭新纸币的信封，不多久装着找零的信封就会被送回来。一流餐厅结账不见现金，这个规矩也是我后来才学到的。我通常会把小费装进红包里，在过年等时机，或有什么疏忽表达歉意的时候使用。

这些都是理所当然的事，我只是想再次强调一下。

最后再加一句，不要久留。在我年轻的时候，一位优秀的大人告诉我："无论是居酒屋还是西餐厅，用餐两个小时以上会给餐厅带来麻烦，所以请不要这样。"整理好仪容来到餐厅，控制用餐节奏，愉快地结账，然后迅速离开——我想做这种爽快的客人。

告诉孩子"理想中的家庭状态"

大多数 40 多岁的人都有家庭和孩子。

我们能为孩子付出什么、教育孩子什么呢？我想每个人都有各自的答案。

就我而言，"每天全家一起吃晚饭"就是我给孩子的行为示范，是我力所能及的教育。我讲不了大道理，也教不了什么技能，没法陪她一起做作业，可以说这就是我现在唯一能做到的事。

全家人围坐在一起吃饭，大家面对面或聊天或聆听——我很重视这件事。当然，有时我会因出国或者聚餐缺席，但这种情况非常罕见。

早餐通常都是匆匆忙忙的，午餐当然不可能聚在一起，因此我把作为一日生活结尾的晚餐定为家庭时间。听起来简单，实际上很难做到。我曾问过周围的人，大家的回答基本上都是："不可能和孩子一起吃晚饭。"很多人回到家已经是 9 点，甚至 10 点了。

"平时的晚饭不行，只有周日可以一起吃。"——在日本，这大概是最普遍的答案。

尽管如此，我还是要和家人一起吃晚饭。曾经有一段时间我像赌气似的强迫自己做到这件事，如今这已经列入我的"个人时间表"了。只要在安排日程的时候让晚上 7 点的"晚餐时间"成为生活的中心，慢慢就变成习惯。

全家人一起吃晚饭。

这是父亲教导给我的家庭生活。从儿时起，晚饭时如果家人凑不齐就会感觉很别扭，这便是我家的日常。在我的记忆里，晚饭是非常快乐的时光。

当时的自己并不知道，直到现在才明白父亲是经过多少努力才能腾出与家人吃晚饭的时间。我的父亲并不是能让我们炫耀的特别人物，但令我感动的是"唯有与家人一起度过晚饭这一刻，他能非常严格地遵守"。所以，我也继承了这个传统。

希望能把父亲给我的、相同的感动传递给自己的孩子。即使她现在不懂其中的意味，终有一天女儿建立自己的家庭后便能理解。

"为什么自己的父亲要这么执着于晚餐呢？"

希望在她回想起这个问题的时候能得到答案。

无论我这个父亲多么努力，情况终究会发生变化。

如今，有时我和妻子刚好7点钟坐到餐桌旁边，结果被告知"女儿8点才上完补习班"。终究会有一天女儿会因为参加社团活动或是要与朋友相聚，对我们说出"今天我不回家吃晚饭了，和朋友一起吃"之类的话。孩子就是这样慢慢独立起来的，我自己也是如此，所以并不介意。

但是，即使有一天只剩下我和妻子两个人，我也不打算改变一家人每天在同一时间一起吃晚餐的习惯。

本来，我这个习惯也是从结婚后开始的，而并非女儿出生以后。为了体贴守护这个家的非常重要的人，这是我思考自己能做的事后得出的结论。我想这也是一种付出。

为了3个人的饭菜，妻子要从下午3点左右开始站在厨房忙碌。虽然不清楚细节，但我想她一定是在马不停蹄地为每一道菜做准备。

一家人用心享用着饱含心意的饭菜，然后结束一天的生活。这便是我想用一生维护的家庭状态。

心情愉悦地交税

如果把70岁当作人生的顶峰，那么我希望自己至少在70岁以前不依赖年轻人，一直能站在付出的位置。

我们可以教导年轻人，请他们吃饭，或是通过工作把技术传授给他们。另外，"交税"也是支持年轻人的一种"付出"的行为。

令我不可思议的是，我尊敬的一些卓越人士都异口同声地说："交税令我非常开心。"虽然他们已经到了"想要更多退休金"的年龄，实际上他们却拿出比退休金更多的钱来回馈社会。大家都在第一线为事业努力，完全不会考虑节税的问题。

我从年轻时起就不属于任何组织，自己一个人工作，因此总是为了"怎样才能节税、尽量不交税"而绞尽脑汁。而他们的情况却是——"我想请专业人士来帮忙计划一下怎样才能多交税，所以雇用了优秀的税理士。"

逃税自不用说，节税也绝对不会考虑——当我们成为付出的一方，需要懂得这种对待金钱的态度，现在的我也打算这样去做。真正的成功会眷顾那些带着喜悦的心情交税的人。

交税，意味着一个人与社会产生了关系。而交高额税费，说明对社会而言自己已经转变为"大量付出的一方"。

"自己辛辛苦苦地工作，却要被收走这么多税钱"，相信每个人都会有这种感觉，但交税是一种社会制度，既然身为社会的一员自然要遵守这种制度。

还有一种声音："就算我老实交税，我交的税未必能用到正当的地方。"自己给社会交税和税金如何被使用其实是两码事。我尊敬的前辈们告诉我，这两个问题应该分开思考。

这并不意味着"多交税的人更加伟大"。

正常交税，是愿意对社会履行自己的义务。

努力维持与社会的联系

人年纪越大，就越容易封闭在自己的世界里，与社会的联系就越来越少，我认为这是不对的。我希望自己能随着年龄增长，加深与社会的联系，能为社会做更多贡献。

在日本，有很多人对政治和社会不满，叫嚣着"我们需要更完善的社会保障""退休金太少了"。甚至还有人为了过得更富裕而依靠孩子生活。

现在的自己是在社会的养育、帮助下成为社会的一员。与其惦记着"让别人来照顾我"，不如想一想"下次我要回馈些什么"，这样会更加幸福。或许你拥有索取的权利，但我认为，自己的意识向着"索取"一方转变会令人陷入不幸之中。

在与外国朋友聊天的时候，他们经常提到一个词"Public Relations"。在日本，这个词被缩写为"PR"，仅用来表示公关活动，但其实这个词原本有多层含义。我的朋友提出问题："你有 Public Relations 吗？"意思是说"你和社会有着怎样的关系，为社会做了些什么"。他们参加志愿活动、捐款活动，还有向全世界宣传自己观点的活动，并经常以自己在活动中做了些什么为话题。

让我们以 40 岁为分水岭，从社会贡献的角度开始练习构建 Public Relations，加深与社会的关联吧。

把公司做大、提升业绩、个人传递一些讯息，这些也是练习的一部分，但是为了一己私欲冒失行事是不可取的。希望自己能牢记一点：个人活动的目的始终都是为社会做贡献。

从现在开始我就要提醒自己，决不能嘴里念叨着"我已经老了"然后放弃与社会之间的联系。人一旦切断与社会的联系，哪怕实际年龄仅有 20 岁也会马上变成一个老年人。反之，无论多大年龄都能积极地与社会保持联系的人，即便活到 100 岁也能作为人生现役者闪闪发光。

当然，总有一天我们会因为年纪太大而行动不便，但至少在 70 岁以前，我要作为付出的一方，保持为社会做贡献的意识。这也是我的目标。

以"Think Global，Act Local"为基本

我非常喜欢"Think Global，Act Local"（想法要国际化，行动要本土化）这句话。

我认为，我们应该站在国际化的角度上思考，在此基础上做些身边力所能及的事。

比如说，讲究做出一杯好喝的咖啡固然没错，但若仅此而已就太无趣了。我们是否应该想一想："这美味的咖啡在世界上能起到怎样的作用呢？"然后在脑海中展开一幅宏大的场景。

关于"Think Global"我想再说一句，如果我们能以国际水准评判出自己的实力水平那就再好不过了。

"自己在公司里排第几"这些实际上都是毫无用处的狭隘思想。我们的标尺应该定为"以国际标准来看，自己的能力、信赖度、修养处于什么水平"。

在今后的时代中，我们和外国的关系将更加紧密。

相信你也有和外国人一起工作的经历，在附近的社区里见到外国人的身影也不是什么稀罕事了。或许在 40 岁到 70 岁之间我们并不会一直在日本生活。我并没有感觉自己"必须生活在日本"。

无论居住在哪个国家，既然要在全球化时代中度过人生的后半生，在每天的生活中"Act Local"显得越发重要。

所谓"Act Local"，我们首先应该做的就是自己积极地为邻居做一些事。也就是说，我们有必要将自己不断向外扩展的兴趣转向自己身边的团体。

随着年龄增长，有些人宅在家中，切断了与社会的联系。也许这些人是在退休后远离了工作的团体，当发现自己"没有地方能去，也没有朋友"的时候，他们忽略了近邻这一团体，径自选择在家闭门不出。

在全球化时代，这种状态就相当于孤零零地在一座孤岛上生活。哪怕在家中用电脑和报纸收集了全世界的所有信息，也无法实现全球化的生活方式。

既然我们希望自己能乐享人生，一生中不断为社会做出贡献，那么首先就要以"Act Local"的理念与街坊四邻友好相处。这才是实现"Think Global"的开端。无论住在高层公寓还是独门独院的房子里，所谓邻居，是在有事发生时彼此互相帮助的、十分重要的团体。要想推动"Act Local"，我们可以从一些小事开始积累，比如见面亲切地问候、帮忙扔垃圾、做一些简单的打扫等。

在洛杉矶，街头有很多标牌写着"请把狗屎收拾干净带回家"，但仅凭这些标识据说还是有很多人视而不见。政府为了解决这个问题制作了新的标牌："Be A Good Neighbor." 即"做个好邻居吧"。发出这种呼吁后，很快养狗的人们都开始认真铲屎了。

若别人对你说"不要给四邻添麻烦"，你可能会想"我并没有给别人添麻烦"。就像受到了责备一样，人会不由自主地想要保护自己。但如果换个说法——"做个好邻居吧"，就能达到目的了。于是，每个人都会坦诚、积极地思考如何才能做个更好的邻居。

我认为对与邻居这一团体构建良好关系来说，这种想法很值得参考。

将感谢之意付诸行动吧。

第六章 如何走完未来 30 年的旅途

制作一份"未来 30 年"的年表

我们行走在人生的旅途之中，在第二章中，我们制作了从 20 岁到 40 岁这 20 年的年表，那么在这一章中，我们尝试着做一份从 40 岁到 70 岁、未来 30 年的年表。

"过去的年表"能帮助我们从已经发生的自己的故事中挖掘出很多宝藏。

"未来的年表"能帮助我们想象还未发生的故事内容、思考对自己来说人生最重要的宝藏是什么。

所谓理想的 70 岁形象，其实就是"我的幸福为何物"这一问题的答案。而"未来的年表"是找寻幸福的地图和计划表。

我认为重要的是，一边制作年表，一边反反复复地仔细思量对自己来说幸福究竟为何物，然后用语言表达出来。

以财务自由为幸福，还是以一辈子坚持工作为幸福，抑或以家庭美满为幸福？不深究这个问题的话，我们都不知道自己的目标是什么，也就无法制作"未来的年表"。如果仅仅是以年龄为目标、即"××岁之前"，那么就只能写出一些办法和对策，如面对疾病、贫穷和孤独的不安与因年纪变大而有可能产生的困难。

70岁是人生的巅峰时期，是熠熠发光的年龄——以此为前提，试着思考一下对自己来说的幸福是什么吧。

"未来的年表"中也包含了为晚年做准备的内容。或许你会认为40岁就开始考虑晚年生活也太早了，但我的感觉是50岁就已经晚了。为了能在晚年不依赖家人和社会、不给别人造成困扰、能一直保持自立的生活，认真地制订一份计划吧。

制订方法与"过去的年表"一样，简单一点也没关系。可以从40岁开始每5岁划分成一个阶段，也可以久一些，每10岁一个阶段。

"40岁到50岁之间想做的准备、50岁到60岁之间想做的准备和 60 岁到 70 岁之间想做的准备。"如果以 10 岁为单位的话，可以把自己想到的都填进这份表格里。

一开始写得不那么详细也没关系，想起来再加进去就好。

想象"70 岁的收获"

为了理想中的 70 岁制作"未来的年表",也是一种对自己的人生打算有何收获的思考。

我的理想之一就是"像农夫一样经营自己的人生",如同农夫耕作的循环过程,播种、浇水培育,然后收获果实。

未来 30 年大致看来,40 多岁时播种时期,50 多岁是浇水培育时期,60 多岁收获,最后庆祝 70 岁大丰收。过了 70 岁后,我想把收获的东西全打磨为成品,然后都赠送给别人。

在"未来的年表"里,记入 40 多岁的 10 年间我们要播撒什么样的种子吧。不要写什么类似于"40 多岁如果不攒够多少日元,晚年就过不踏实"之类的话,应该结合自己的情况列出想挑战的事。

因为每个人的职业不同,所以播撒的种子也不一样。把具体的事情随意地写进年表里，能让自己的目标更为明确。如果是我的话，会写下"40多岁要写一本这样的书"。另外，如果有人想进入与职业完全不同的领域，可以思考一下怎样播下这粒种子。有些需要果断放弃的事，也应该填进表里。

在"未来的年表"中，还要填写在从50岁开始的10年时光里如何育种。另外，需要具体地想象一下从60岁开始的10年里想拥有怎样的收获，并填入表中。

在填写"未来的年表"的过程中，我们会越发地兴奋与期待，各种梦想呼之欲出。把晚年的准备工作也一并填写好，于是"对未来的不安"转变为"可以解决的几个问题"，自己也就安心了。能看到行程中的终点、即自己的目标在哪里，人生之旅会变得轻松一些。未来将开启怎样的旅途，这会成为自己人生的指南。

我觉得，拥有一个令自己充满期待的目标，是长寿的秘诀。

幸福，是与人紧密相连的

当思考憧憬、目标和人生之旅的终点时，"我希望能在 70 岁时与别人紧密相连"。这也是我对所谓幸福的诠释。

我希望能在自己迎来 70 岁之际，依然能与妻子、孩子、朋友和父母（如果还在世的话）保持紧密的联系。如果那时我与身边人的关系比现在还要紧密的话，我觉得自己会非常幸福。

人生在世，虽然不能说自己不需要钱，但我认为加深与他人的联系比挣很多的钱存起来更重要。反过来说，如果无法与别人紧密相连，工作就不会顺利，最终收入也不会增加。

与他人加深联系的方法有很多。

比如，《生活手帖》的工作能加深我与读者之间的联系；而通过我写的书，也能加深我与读书人的联系。

感动可以成为建立联系的催化剂。当我发出的信息能够打动读者们的心的时候，我们便成功地建立了联系；简而言之，联系会随着感动之情的传递而逐渐加深。

举例来说，当我非常感动、无论如何都想说一句"谢谢"的时候，我就会用书信来表达。因为我想传达自己热烈的感动之情，想与对方建立联系。

在我眼中，书信是一种传递感动的、非常好的途径。因为我们可以通过寄信这种方式，与可能根本见不到面的人沟通交流。

我可能不会给天皇写信，但会寄信给首相、比尔·盖茨。寄出那一刻就是一种交流，而且未必就得不到回信。只要自己有热情，一定能传递一份感动。

为了追求紧密联系的幸福感，今后我也打算写很多书信。

做个任何时候都能发挥作用的道具

若想在未来 30 年中做自己想做的事，认真武装自己、多具备一些技能也很重要。

我没思考过自己想做什么，直到如今已经年近半百，这一点依然没有改变。我觉得做什么的选择权并不在自己，而应该作为一个"有用处的道具"由世间来挑选。

《生活手帖》这份工作最开始也并不是出自我个人的愿望，<u>而是因别人提出了"需要你"的请求，也是为了不辜负别人给的机会</u>。

如果今后有人向我提出要求："松浦，你每天清扫马路吧。这个活只有你能干。"那么我大概会毫不犹豫地辞掉现在所有的工作，变成一位清洁工。哪怕只是一个小小的村庄道路，我也会干劲十足、开心地赴任。

或许我是个特例。从年轻时起就从来没有想过"我要从事这种职业"或是"我想当社长"等。

生来一次都没想过"要开书店"这种事，但是碰巧大家需要我、给了我机会，我就不能辜负这份期待，最终在一番努力之后开了一家书店。

我也从来没想过"要成为一名职业作家"，但恰好有人希望我能写点什么，因为有人喜欢读我的作品，所以我就这样努力一直写。

说到底，我还是对自己没有自信。

既没有学历，又没什么拿得出手的资格证书，我没有一件能用来在这世上奔走的武器。所以，从很早开始我就这样想："我不会自己选择要成为什么。既然如此，我就应该出现在别人需要的地方，让别人替自己做出选择。所以，我要努力地磨炼自己，为了别人能帮我选择，为了能成为一个对别人有用的道具。而且绝不能做有损于他人的事。"

在思考未来30年的时候，如果有人想象不出自己想做什么、想变成什么样的人，那么可以往反方向想一想，比如"我要做响应别人需求、有助于别人的事，而不是自己想做的事"。

还有一些人，无论如何也做不好想做的事，处在进退两难的局面中，不如试着暂且放下"想做什么"的念头吧。

　　人总是在不断变化，因此未来的自己和过去的自己是不同的。即便如此有些人依然对过去的自己耿耿于怀，在此情况下想象自己要做这个、想变成那样，就会出现很多实现不了的事。

　　比如，有些人有了跳槽的机会，也会选择拒绝，他们会说："再怎么说，这种工作也不行。毕竟我也是个有自尊心的人。""何况我也没做过这种工作。"

　　多么可惜呀，每次我听到这样的话都会感到惊讶。40岁以后，仅仅有人说"我需要你"就已经很令我感激了，如果是我的话，无论什么工作我都会满心欢喜地去挑战。

　　无论坚持做自己想做的事，还是坚持应对别人的需求，最终殊途同归。只要怀着热烈、真挚的情感，即使路线不同，最终一定都能在内心深处到达想去的地方。——这便是人生不可思议之处，我也不太明白为什么，有时会突然想到罢了。

"我想做这个！"——或许，未来我也会变成这样一个自己拥有强烈愿望的人。

未来 30 年，无论要走向何方，我都想做一个身体健康、穿戴整洁、用笑容周到地问候他人的人。我想做一个对别人有用的人。

为了不断成长学习外语

今天过得有意思，明天也有意思。

如果每天都能一直这样，我想无论多大年龄都能不断地成长。

若想每天都过得有意思，可以刺激自己、挑战自己，当发生困难的时候，要尽全力去努力。

对我来说的挑战与困难和需要尽全力努力的事就是学习外语。我正在学习英语、法语、中文课程。

年轻时与朋友一起玩是一种刺激，每天都过得很有趣。但年纪越大就越忙碌，和朋友很难再经常见面。

每天早上我都在跑步的时候学习外语。我还会去理发店、看牙医，或者看电影和读书。当然，我还有工作，而且要严格遵守 7 点的晚餐之约。为了健康，自然要坚持早睡早起。这样一看就会发现，自己每天都安排得满满当当的，忙得根本没有能让别人介入的余地。

老年的闲暇时光听起来有些伤感，所以我愿意享受这种"忙到飞起"的状态。也是由此我觉得"应该把见不到朋友的时间用来自己学习、成长，从而获得刺激，让自己过得更有意思"。

有人觉得惊讶："一下子学三种语言，不会太累吗？"其实坚持下去，就和跑马拉松一样，我竟然做到了。英语两周上一次课，法语和汉语一周一次，利用清晨和空闲时间上一对一课程。晚饭后我有一小时的读书时间，也会用来看英语、法语和中文的书。

偶尔觉得自己"学习有了成效，已经能读懂很多了"，不过这样的日子凤毛麟角，并没有出现显著的进步，甚至可以说是"龟速"了。

与年轻时相比，记忆力有所减退，因此有时候也会把背过的东西忘掉。尽管如此，也比不学要强很多吧。从现在到70岁还有20多年的时间，我已经有了耐心重复相同事情的思想准备，准备将这场"持久战"慢慢打下去。

偶尔会有人问我："复习英语可以理解，但是为什么还要选法语和中文呢？"英语是全球化时代的通用语言，所以不用考虑学习的必要性，还选了另外两种语言很令人疑惑吧。其实，我觉得说"会英语＝全球化"有点言之过早。

我们一直生活在日本，学习的是日本文化，但全世界还有很多种不同文化。既然要在 40 岁迎来第二个生日，在向着 70 岁这一人生顶峰前行的过程中我想学习一些其他的文化。我感觉，无论是工作、兴趣还是与朋友的关系，如果不向外界主动打开一扇窗，就什么都不会改变，实在是无趣。作为了解异国文化的途径，自己需要掌握英语之外的语言，对我来说，需要的就是法语和中文。

因工作关系，我经常去法国，但却因语言不通很是苦恼。如果我能用法语与人进行交流的话，应该能从法国文化中学到不少知识。比如日本人不具备的创意和理念、与传统并行的自由主义生活方式，一定都能给予我很大的刺激。

我有很多中国朋友。现在与他们是用英语聊天，如果我能用中文交流的话，或许我能从中国几千年的历史中学到深奥的智慧。在经济方面，今后日本与中国的来往会更加密切，我觉得自己若能学会中文的话会比较安心。

我想每个人都有自己想学习的语言，这无可非议，但如果半途而废的话就可惜了。"学外语太麻烦还是算了，我只和日本人来往就够了。"当陷入这种思维后，未来的30年就不再是向着憧憬中的70岁的成长之旅，而变成了单纯衰老的岁月。

年纪越大，就越有学外语的必要。因为学习外语不仅可以帮助我们学习新文化从而不断朝气蓬勃地成长，还能在知晓日本文化并将其传播至全世界方面发挥不可或缺的作用。

上了年纪的人通过各种语言不断将日本丰富多彩的文化献给全世界——这也是一种全球化的生活方式吧。

活出精彩 70 岁的读书法

对我来说，读书是娱乐、兴趣和学习。

40 岁后，为了学习，自己在读的是历史书。虽然并不连贯，但我希望能在 70 岁之前断断续续地将这个习惯一直持续下去。

无论是日本史还是世界史，我们能从历史中学到很多的东西。大概是因为虽然时代改变但人类的本质不变吧。令我深感惊讶的是，无论是在江户时代还是在今天，只有生活方式发生了改变，但人的各种情绪并没有改变，比如想些什么、感受到什么、何时兴奋、何时心碎。

在历史书中，出现人类曾经的很多失败和错误，每次都能令我有所收获："原来如此，人类这样做可以解决大问题。""人类的失败还有这种模式。"当为某事烦恼的时候，看一看历史书基本上都能得到答案。

了解历史，可以与外国人谈论更多的话题。日本历史自不用说，世界史中也有不少我们似懂非懂的事。对成年人来说，不用把年号都背诵下来，正适合学习包含文化的历史。

　　我非常喜欢司马辽太郎，从《街道漫步》（朝日文艺文库）开始接连拜读了他著的历史书并加以学习。每一本都非常明快易懂，正在环游世界的司马先生独特而宽广的视点十分有魅力。

　　如果我对司马先生书中的某一时代产生了兴趣，就会去阅读其他作家的书，这就是我读书的方式。

　　学习世界史，首先我想推荐威廉·麦克尼尔的《世界史》，很容易买到，价格也不贵。在深入阅读的过程中，可以扩展兴趣到其他书籍，作为辅助阅读。

应对多变时代的信息收集方式

40岁后的人生，在教养和接受信息上的差别将逐渐加大。

人与人之间会在教养的高低、能否掌握准确信息上产生差距。众所周知的信息未必就一定是准确的。尤其是如果只从报纸和电视上获得信息，那不知道的东西将会越来越多。也有人能了解到准确的信息，所以我们应该知道如何去选择。

在这瞬息万变的时代，信息的收集方式显得越发重要。

在现有的获取信息的渠道中，最轻松方便的就是上网了。可以足不出户、毫无顾虑地查询任何事。但是，信息来得越是轻易价值就越低。我觉得我们在利用互联网的时候应该具有这样清晰的认识。

报纸和电视虽不像互联网那样容易玉石混淆，但信息被控制的可能性很大。我不会觉得报纸和电视上都是谎言，但也不会盲目相信，这便是我的态度。我与这些信息来源的关系停留在保持距离、远远观望的状态，不会将自己获取信息的重心放在报纸和电视上。

我家有电视，也会订报纸，但我很少会看。特别是电视，有时只是顺耳一听家人正在看的新闻。反正只是听一听新闻，我宁可选择听广播。对广播的限制比较少，不像报纸和电视那样信息受到掌控，所以我觉得广播比较接近事实。

一位一流日料店的老板曾经告诉我这样一句话："越是那些长期以来人们眼中的正确做法就越值得怀疑。"在日本料理的世界里，有很多被认定为常识的烹饪方法，但他能提出质疑，然后尝试，找出自己独特的做法使料理更加美味。他好像很精通一些信息的收集。

我看报纸只看一眼标题，然后就看一看广告栏和招聘信息。招聘信息是不会骗人的，因为企业是需要花钱刊载的。广告栏可以让我了解现在大家都在卖什么。这两部分都可以用我独特、有趣的阅读方式来看，我觉得这一点很好。

我信任的信息源有三个方面。

第一，实际体验的经验。

带着兴趣主动出发前往某地，通过自己调查、看书、反复确认后，作为一种经验积极去了解的事——我认为只有这些才是真正的信息，是我最为相信的信息源。

第二，亲耳听别人说的事。

当然仅限于自己能够信任的、靠谱的人。认识两三个能为我们提供准确信息的人很重要。一个团体成立的同时，就会混入谎言。

最理想的情况是能直接认识这样的人，如果接触不到的话，可以从出现在广播中或是写书的名人里选择，在各个领域分别确定一个人作为自己的信息源，比如如果是政治方面可以听这个记者的，社会方面听那位评论家的。想听谁说的话就要靠自己去斟酌了。现在的政治家和名人都有博客或个人社交主页，有很多机会能接触到本人的发言。

第三，自己的实际感受。

亲身体验是主观能动的、带有目的性的，而实际感受是被动地、偶然发生的。你是否曾漫无目的地走在街上，或是乘坐电车的时候，突然产生了一种感觉，比如"社会果然还是不景气，最近大家脸上都有些怒色"。我不会放过这种感觉，并将其当作重要的信息来源。我想还是可以相信自己的天线感知到的信息的。

如果没有自己的信息源，有时就会被不安所左右。还有一件比较麻烦的事，如果把错误的信息告诉了其他人，然后被扩散出去，就有可能对别人造成困扰。当我们不了解真相的时候，就无法做出正确的判断，做什么事都无法先人一步。在以70岁的成年人为目标的、走向成熟的30年中，用这种靠不住的"腿脚"走路是无法给予别人一些什么的。

关于信息还有一点需要注意，了解"自己想知道什么"很重要。我们没必要知道所有充斥在这个世界的信息。哪怕信息是真实的，如果连对自己并不重要的信息都要知晓，那我们就得整日为了收集信息奔走，这与丰富多彩的生活方式是背道而驰的。

娱乐也是一种投资

40岁之后，我们无法否认自己的体力和能力都有所下降。这就需要放慢自己的步伐。

印象中在40岁以前，总是快节奏地用很多时间做很多的事。40岁以后，以自己的节奏在有限的时间里只做一些真正重要的事。正因如此，看清何为"真正重要的事"就显得尤为必要了。

判断一件事是否是"真正重要的事"，值得我们花费金钱、时间和自己的能量，可以依据是否有产出来思考。

与一个人见面、学习某种技能、做某件工作都会产生一些东西。我希望自己只精挑细选这样的事来做。

产生的东西未必只有金钱，或许是别人的信任、信用和自己的想法。无论何种形式，我们应该认真地思考做些什么才能让人生加分。没必要期待有两三倍的增长，仅仅注意不做减法结果就会完全不同。

比如聚餐的时候，不管是嗨过头推迟了睡觉的时间，还是暴饮暴食吃坏了肚子，抑或喝多了第二天无精打采，这些都是负面的行为。但是，如果能适当地享用美食，在决定好的时间内愉快地聊天，第二天早上开始元气满满的一天，就给自己加分吧。

生活中有很多加分的行为，如果能和自己的任务相结合，就能得到落实。思考一下"现在自己需要什么、有什么不足"，为此采取行动都是加分的行为。例如，带着"必须学一些礼仪"的任务去一流餐厅，就是一种加分；再比如，如果自己的任务是"必须学习时间的利用方式"，那么制作计划表并施行也是可以加分的。

40岁后娱乐也是一种投资。选择一种能磨炼自己、给人生加分的娱乐方式吧。

我现在最感兴趣的是一辆保时捷的老爷车，是朋友转让给我的，自己学习了一些知识后，亲手改装了各种部件，这种学习给我带来了快乐。

汽车是我一直以来完全不了解的领域，通过改装汽车，我还结交了新的朋友。能与平时工作、生活中很难遇到的人聊天，世界都变得开阔了。

此外，我还一直在玩古董相机。摄影对我来说是最接近纯粹娱乐的项目，用年代久远的相机和老镜头拍照能够激发创造力。

有时候我还会为了摄影去旅行，没有比旅行这种娱乐方式更显而易见的自我投资了。虽说不去旅行就不会有任何烦恼，但只要去了就一定有收获。通过旅行，我们可以接触到陌生文化、亲自体验后获取信息、品尝各地美食。还能从一流的酒店、旅馆学到不少东西。

在工作上，我觉得 40 岁以后应该找到一个自己的专业领域然后为之奋斗。也就是说，找到自己最擅长、做起来最快乐的事，并对此孜孜以求。对于娱乐来说不用这么严格，但我觉得还是应该选择一些能够丰富自己的项目。

40 岁后我们应该果断远离的娱乐活动就是赌博。严格地说，赌博这种嗜好与其说是娱乐，不如说是一种疾病，有时甚至还会产生依赖。不要深入接触很难戒掉的东西，这很重要。

赌博和彩票，是概率最小的挣钱方法。赛马、自行车竞赛赌博、彩票、弹珠机、老虎机这些都是提供系统的一方为了挣钱搞出来的名堂，无论怎么玩都只是在浪费钱。

即便有人仅仅是暂时性地凭借赌博和彩票挣了大钱，但找遍全世界也不会有这样的人能变得幸福。

当想赌点什么玩的时候，不如赌自己。我认为这样胜率绝对会很高。

用感动让金钱循环

今后的 30 年，已到了别人眼中不惑之年，人会越发成熟。我希望自己能改变 40 岁以前的生活方式，花钱也更加理智。

天外有天，无论怎样努力追求高品质的世界也难以抵达顶端。我才 46 岁，刚刚站在成熟的大人世界的入口处。距离终极高品质的世界还很遥远，但在 70 岁之前我还有充足的时间。

只要一点一点地向着更高品质的世界努力，"下次向上一点，然后再向上一点"，相信总有一天能够抵达目标高度。在努力前行的时候，希望自己能遇到世间美好的事，为了前所未有的体验而感动。

追求高品质世界，生活方式转变为成熟的大人应有的状态，并不意味着要花很多的钱。"为了感动花钱"这一规则掌握着所有问题的钥匙。

比方说，在食物方面讲究一些。就每天使用的蔬菜和调味品来说，多花一点点钱就能买到安全且给人带来感动的东西。或许天然食品的价格要比化学物质添加的东西贵一些，但从天然食品的味道中所获得的感动要远远超出其价格。幸运的是，如今的时代里，不用从很远的地方订购，在附近的超市就能买到如盖朗德的盐、有机番茄酱等足够优质的产品。

反正都是要花钱的，不如在能给人带来感动的产品上多花一些钱。这也与成熟的成年人的生活方式息息相关。

即使价格稍高一些，但一勺盐能为我们带来感动、让我们露出笑容，这是多么美好的事。

我有一位设计师朋友是个酒店爱好者，有机会就找一家高级酒店住住。

床单铺得平平整整令人心情愉悦、优质的服务使人由内而外地放松、每一间房间都被打扫得干干净净。她是那种会因很小的事而感动的、感情丰富的人，每次当她发出"啊——""可爱""好漂亮"的感叹，我都会被她带动得心生感动。

我也喜欢住酒店，偶尔会一个人住一住，所以对她的话深有同感。但是，或许有些人会对此皱眉，觉得我们这样太奢侈。

也曾有年轻人觉得"松浦先生总请我吃饭，真是个奢侈的人"。

但其实，这是误解。在我看来，我没做任何奢侈的事。请她吃饭其实也是同样在为感动花钱，即使价格贵一些也绝不是什么奢侈与浪费。

比如，为了给自己学习投资而住进高档酒店，若能心生感动，人生的存钱罐里就又能多一枚硬币。因为我们积累了经验和知识。

然后，我们通过一些"付出行为"撬动杠杆，如把自己的经验和知识告诉别人或写进书里与他人分享感动，这样一来我们既能攒下一枚"受到大家喜爱"的硬币，同时还会有钱收入囊中。而这些钱又变成投资高品质经验的资金，也可以用在一些付出行为上，比如请年轻人吃饭。我觉得所谓的"钱越花就会越多"就是这个道理。

如果花出去的钱能通过感动循环往复，那么一辈子都不会为钱发愁。反之我是有这种感觉。如果我做的事都仅仅是在奢侈、浪费的话，那我早就应该债台高筑了吧。

我一定会远离的是"免费的东西"。"没有比免费更贵的东西了"，这句话是真的。我绝对不会接近打折的和太便宜的东西。也从来不会弄积分这一套。把钱花在这些东西上，不会有任何回报，反而还会感到失去了什么。

比方说，如今世道不景气，极其便宜的东西就一定有便宜的理由。超级便宜的羊绒衫可能是正在严酷的劳动环境中忍耐着的人们的牺牲换来的。我觉得如果买了这样的东西，就等同于自己在践踏那些人。

世上的一切都处在循环之中，所以在未来的30年中，我们应该认真地考虑自己的花钱方式，使自己和社会都能有稳固的收益。

不能忘记存钱

40 岁回归初来乍到的一年级新生，用心过好每一天，最终我们羽翼将越来越丰满。

每次如蝴蝶破茧而出的时候，工作也会蒸蒸日上。我们努力帮助更多的人、让他们因自己而喜悦，于是挣到的钱自然就会增加。

但是，这些钱最终应该回报给社会。

而用在自己身上的钱，我们应该在日常的经营中认真积攒。为了不依赖家人和社会生活下去，也十分有必要为晚年攒一些钱。

首先，我们需要清晰地了解确定日常开销。进账的钱是变动的，有可能会因为工作有了成绩或者职责加重而增加。但是，花出去的钱，即使状况有变也能在某种程度上依据自己的意愿决定。不算因家人遭遇事故等意外花出去的钱，我们自己可以掌握大部分支出。

把自己和家人一定要花的钱算清楚，如果有孩子的话，要算出教育费。另外还有房租或房贷、生活费、医疗费。

算清楚之后，尽可能地缩减开支吧。思考把钱花在哪里和怎样花钱，是确保晚年资金的最佳捷径。

说是缩减开支，并不意味着连自我投资的钱都要缩减。凡是花了能对自己有益的钱，都不要吝啬。请晚辈吃饭这种用来付出的钱也决不能省。

社会上有消息称："65岁退休后，需要2000万日元的现金应对未来的生活。"我不知道这话说得对不对、大家能否有这么多钱。每个人的生活方式和具体情况都不一样。

首先，在40岁、50岁、60岁的时候分别确定好"自己一个月的生活费只有这么多"，然后我们就能看出自己需要存多少钱、实际大概能存多少。不要自暴自弃地说什么"我存不下来钱"，我觉得大家都能找到适合自己的、聪明的办法。如果能做到这一点，相信我们都能在实际中迎接各自的晚年生活。

无论如何都不做懦夫

　　未来的 30 年，无论以何种形式，都请坚持不懈地挑战。即使失败也无妨，勇敢一些。

　　我下定决心，无论发生什么都不当懦夫。人一旦接纳了自己是懦夫的设定，将变得一事无成。关于懦夫的问题，我在以前的书里也曾提到过。标榜自己的懦弱，把一切责任都推给别人和社会，这样的人就是懦夫。随着年龄增长，就连一些原本很坚强的人也会慢慢地向懦夫靠拢，希望大家多加注意。

　　不要因为痛恨政治和社会体系，就自暴自弃地认为"无论我再怎么努力都得不到认可""我的人生不会变好了"，无论多大年纪都要坚持挑战。哪怕成功的概率微乎其微，也不能畏惧不前。

　　我认为懦夫是连比赛都会放弃的可怜虫，但失败者是很了不起的。失败其实就是接受挑战并一决胜负的证明。

现阶段虽然失败了，但可能下次比赛就能获胜。这便是失败者。失败者有转变为获胜者的可能。永远不参与比赛的懦夫没有未来，而失败者却有无限的可能性。

我们应该一直具备无论失败多少次都能重新站回起跑线的勇气。没有人能够以全胜结束人生。大家体验着失败与胜利，正如"沉浮不定"这个词所言，大家在人生中交替演绎着胜利者和失败者的角色。

我甚至觉得，胜利者和失败者其实没有什么不一样，站在起跑线的那一刻大家都是一样的。

上了年纪后，如果你觉得"未来可以预见"，那么你即刻就会成为一个懦夫。我们坚决不能让自己成为一个一眼看破人生的成年人。

可以不去预知未来的事，感到不安也没关系。

让我们在这 30 年中一直坚持挑战吧。

人生挑战不间断。

终章　精致的落幕

认真写下自己的意愿

再辉煌的人生终究有落幕的一天。

把自己想留在这个世上的、自己想表达的话认认真真地写下来吧。我是按照备忘录的形式来写的，这也算不上是遗言。

请写出包括金钱在内，自己拥有物品的清单。

还有，是否接受延命治疗。

提前表达自己的意愿是对家人的一种负责。即便没有被救回的可能，到了关键时刻，多数情况下家人都不得不选择延命治疗。为了不让家人烦恼、痛苦，提前做些准备吧。

"松浦，你最好不要做延命治疗。"一位医生这样告诉我。

为了延缓死亡的药物和治疗器具有很多，的确可以延命。然而这些大多会伴随着疼痛和难受，病人会非常痛苦。

据那位医生说，人体构造十分完善，在病人即将迎来死亡的时刻，会从体内分泌出脑内吗啡，使人如同坠入梦境中一般心情变得愉悦。在分不清梦与现实之际迎接死亡，是一件很幸福的事。

除了要写一篇具体的备忘录说明自己将迎来怎样的落幕之外，我还打算给每一个重要的人都留下一封信。

我总是不断地去想自己去世时的情况，感觉在人生的最后一刻送出表达感谢的信件，比较像我的风格。

松浦弥太郎的"临终情节"

或许 40 多岁的我想象"临终情节"有些太早。

关于离世时的情况，目前我只有一个清晰的愿望。

那就是在我临终的时候，希望能被别人握着手。

去世的地点，在医院和家里都无所谓。或许还有可能是在一个遥远国家的不知名酒店里，也有可能是在一个现在的我根本想象不到的地方。

但愿在我咽气的瞬间，家人能握着我的手。如果因为某些原因家人未能到场，朋友也可以。万一朋友也没来的话，护士也可以。如果这都无法实现，那么在那个时候偶然出现在身边的人也可以。

只要有人能握住我的手，仅此而已。

因为活着的时候我觉得与人加深联系是一件幸福的事，所以离世时我也希望能牵着别人的手。仅仅如此，就会让我觉得自己非常幸福。

生命，让我有了各种追求、各种收获。

生命，让我学习了各种知识、积累了各种信息、增长了各种智慧。

如此这般，我希望自己能在充分享受人生之后，最终全部放手，身无一物地离开人世。

将自己得到的东西一个不剩地全部赠予别人，把我的全部回馈给社会，然后离去。

这或许便是松浦弥太郎的死亡方式和临终的情节。

针对 40 岁的小提示

① 机会面前，人人平等。所谓机会，并不都是幸运的事。困难和失败是给自己重新来过的好机会。

② 把今天的自己当成一年级新生吧。对于已经习惯的事也要拿出初次面对时的热情认真对待。找回自己的光芒吧。

③ 想逃避艰难困苦的事，结果越逃就会被追得越紧。不如坦然接受吧，你一定能发现通往答案的路。

④ 你有一直依赖的东西吗？试着放开，用自己的脚行走吧，你会走得更远。

⑤ 自己的可能性不能由自己决定。即便上了年纪，也依然隐藏着无穷无尽的可能性，不要畏惧改变。

⑥ 对年过 40 岁的自己说一句"祝我第二个生日快乐"吧，然后踏上崭新的旅程。

⑦ 无论何时都带上纸和笔，把一些想法和不能忘

记的事都认真写下来。过后你一定会庆幸自己做了这件事。

⑧ 试着想象一下心中上锁的抽屉吧。自己是何时、用什么将它塞得满满的呢？

⑨ 尝试说出 10 次"谢谢"。然后，脑海中会浮现出谁的面容？又回忆起了什么事？

⑩ 把曾经的好事、过去的荣誉通通忘掉，回归一无所有的自己。

⑪ 试着写出自己的"必需品"和"非必需品"，"会做的事"和"不会的事"，"谢谢"和"对不起"吧。

⑫ 越小的约定就越要遵守，无关得失的约定才更应该遵守。

⑬ 真正重要的东西往往肉眼不可见。正因为看不见，才应该注意要时常想起、思考、铭记于心。

⑭ 想象一下，人们会在何时、因何物、怎样感觉到幸福？工作和生活的启发就在于此。

⑮ 在任何事上都不要纠结胜负。如果能停止和别人比较，我们眼中的世界将更为广阔。

⑯ 在意发型的人重视仪表；在意着装的人重视生

活；在意生活的人重视工作。

⑰ 我们的首要工作是健康管理，以自己的方式努力保持每日健康。身体健康的人才能拥有笑容，然后用笑容开启一天的工作。

⑱ 健康、干净的牙齿未来将成为你的宝物，成为你的护身符。所以，用心保护自己的牙齿吧。

⑲ 任何人都有缺点。不要责怪这些缺点，把它们当成朋友一样和睦相处吧。有时候缺点也能帮助我们。

⑳ 请仔细地观察自己的父母。他们能告诉我们你的未来需要什么、要如何去做、应该学习些什么。

重新开始，何时都不晚。

版权登记号：01-2020-2840

图书在版编目（CIP）数据

明天又是崭新的一天 /（日）松浦弥太郎著；徐萌译.
-- 北京：现代出版社，2020.8
ISBN 978-7-5143-8533-5

Ⅰ. ①明… Ⅱ. ①松… ②徐… Ⅲ. ①人生哲学 - 通
俗读物 Ⅳ. ① B821-49

中国版本图书馆 CIP 数据核字（2020）第 101204 号

明天又是崭新的一天

著　　者	[日] 松浦弥太郎
译　　者	徐　萌
责任编辑	赵海燕　王　羽
出版发行	现代出版社
通信地址	北京市安定门外安华里 504 号
邮政编码	100011
电　　话	010-64267325　64245264（传真）
网　　址	www.1980xd.com
电子邮箱	xiandai@vip.sina.com
印　　刷	三河市宏盛印务有限公司
开　　本	787mm×1092mm　1/32
印　　张	6.25
字　　数	60 千字
版　　次	2020 年 8 月第 1 版　2020 年 8 月第 1 次印刷
书　　号	ISBN 978-7-5143-8533-5
定　　价	39.80 元

松浦弥太郎

1965 年生于东京。
现任"生活之基本"网站主理人。
同时也是随笔作家，
古书店 COW BOOKS 创办人。

2006~2015 年，担任《生活手帖》编辑。
2015 年 4 月，加入 COOKPAD 株式会社。
2017 年起，担任美味健康株式会社的董事。

著有《写给想哭的你》
《今天也要用心生活 BEST101》
《崭新的理所当然 BEST101》
《一个人独处和大家共处》等。

40歳のためのこれから術